いちばんやさしい Java の教本

人気講師が教える プログラミングの基礎

JN032653

インプレス

著者プロフィール

石井 真 （いしいまこと）

大学を卒業後、機械メーカーの情報システム子会社に入社。機械のアプリ部分の設計から実装を担当。その頃にJavaに出会い、Javaプログラミングにのめり込む。1999年に退職し、立ち上げメンバーとしてカサレアルに参画。当時、まだJavaの技術者が少なく、技術者育成をすることでJavaによるシステム開発案件の安定化を図るため、2000年に研修事業を立ち上げ、ラーニングサービス事業部長に就任。以降、サン・マイクロシステムズとも連携しながらJavaの技術者育成に従事。2000年代前半には書籍の翻訳にも携わるなど、Javaの初期から第一線で活躍している。

研修では、受講される方の知識レベルをきちんと把握し、その知識レベルに合わせて、わかりやすく講義することを心がけている。『受講者を実践レベルまで引き上げ、その後の成長もスピードアップさせてくれる』と顧客からの信頼も厚く研修講師の指名が後をたたない。

執筆書籍

図解でわかるJavaサーブレット—動作原理から設計まで（2001年8月1日）
Jakartaプロジェクト カンタン Struts（2003年6月4日）
Jakartaプロジェクト カンタンStruts1.1改訂版（2003年8月28日）
カンタンStruts1.2 改訂版（2005年4月4日）
https://amzn.to/3cq90co

はじめに

本書は、学生さんや社会人の方など、これからJavaを学ぼうとする人向けの入門書です。数多くのJava入門書がある中で、本書を手に取っていただき、ありがとうございます。

私はこれまで研修で数多くのJavaエンジニアを育ててきました。この経験を元に、多くの方がつまずきやすい部分、間違いやすい部分を丁寧に解説し、1つずつ理解を深めながら学べる内容に仕上げました。一緒にJavaを一歩ずつ学んでいきましょう。

Javaが誕生してからもう少しで25年を迎えようとしています。Javaの登場以後も、いくつもの新しいプログラミング言語が発表されてきましたが、Javaは現在もなおプログラミング言語の主力です。今日も多くのアプリケーションやシステムがJavaを使って作られています。

一方で、Javaの使われ方、重要とされる機能も変化してきています。当初と比べ今日では、「継承」より「インターフェース」の重要度が高く、実際のプログラムを作る現場でもインターフェースを多くの場面で利用します。

継承は教えるけどインターフェースはさらっと紹介する書籍が多い中、本書ではインターフェースなど重要度が高く、実際にプログラムを作成する際に活用することが多い内容に重点を置き、しっかり着実に学べる構成になっています。

本書は大きく分けると、前半、後半の2つのパートに分けることができます。

4章までの前半のパートでは、Javaプログラミングの最も基本となる部分を学んでいきます。

5章以降の後半のパートは、前半で学んだ基本を元に、一歩掘り下げた詳細や少し高度な機能を学んでいきます。

では、Javaプログラミングの一歩を踏み出しましょう！

2020年11月　石井 真

「いちばんやさしい Javaの教本」 の読み方

「いちばんやさしいJavaの教本」は、はじめての人でも迷わないように、わかりやすい説明と大きな画面で Javaを使ったプログラムの書き方を解説しています。

「何のためにやるのか」 がわかる！

薄く色の付いたページでは、バージョン管理に必要な考え方を解説しています。実際の操作に入る前に、意味をしっかり理解してから取り組めます。

タイトル
レッスンの目的をわかりやすくまとめています。

レッスンのポイント
このレッスンを読むとどうなるのか、何に役立つのかを解説しています。

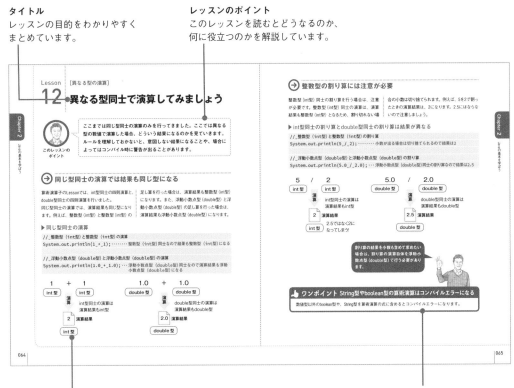

解説
バージョン管理を行う際の大事な考え方を、画面や図解をまじえて丁寧に解説しています。

ワンポイント
レッスンに関連する知識や知っておくと役立つ知識を、コラムで解説しています。

「どうやってやるのか」
がわかる！

バージョン管理の実践パートでは、1つひとつの
ステップを丁寧に解説しています。途中で迷い
そうなところは、Pointで補足説明があるのでつ
まずきません。

手順
番号順に操作していきます。入力するコマンドがわかりやすいよう大き
めな文字で掲載し、スペースを入力する位置も記号で示しています。

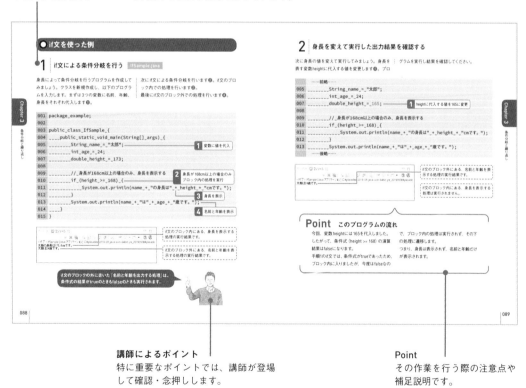

講師によるポイント
特に重要なポイントでは、講師が登場
して確認・念押しします。

Point
その作業を行う際の注意点や
補足説明です。

いちばんやさしい
Javaの教本
人気講師が教える
プログラミングの基礎

Contents
目次

Chapter

1 | Javaを学ぶ準備をしよう

page
013

Lesson

01 [Javaとは]
Javaとは何かを知りましょう

02 [Javaの主要な用途]
Javaの主な用途について知りましょう

03 [バージョン]
Javaのバージョンやサポート期間について知りましょう

04 [Eclipseのインストール]
プログラミング環境を準備しましょう

Chapter **3** 条件分岐と繰り返し

page **077**

Chapter **4** オブジェクト指向プログラミングに触れてみよう

page **115**

Chapter **5** | 壊れにくくて使いやすい クラスの作り方を学ぼう | page **145**

Chapter **8** | 「継承」を使って効率よく
クラスを作成しよう
page
245

謝辞

本書の執筆にあたり、インプレスの柳沼 俊宏さん、担当編集リブロワークスの大津 雄一郎さん、大高 友太郎さん、そして我が社 カサレアルの立石 夕貴さんには執筆の最初から最後までたくさんのサポートをしていただきました。大変感謝しています。
また、カサレアルの講師陣にはレビューで細かな部分までチェックしてもらい、とても助かりました。
この場をお借りして、お礼申し上げます。

Chapter

1

Javaを学ぶ
準備をしよう

プログラミングを始める前に、
まずはJavaはどんなプログラ
ミング言語なのかを知り、開発
に必要な環境を整えましょう。

01

[Javaとは]

Javaとは何かを知りましょう

このレッスンの
ポイント

プログラミング言語がたくさんある中で、はじめて学ぶ言語として
Javaが選ばれる理由は何なのでしょうか？ Java誕生当時の状況や、
仮想マシンでJavaプログラムを実行する仕組みを紹介し、Javaプロ
グラムの特徴を解説します。

➔ Javaとはどのようなプログラミング言語か

Javaが誕生したのは1996年。当時主流だった（現在も広く使われていますが）C言語やC++（シープラスプラス）言語の欠点を解決する救世主として、一大ブームを巻き起こしました。Javaの登場以前、複雑で高性能なプログラムを書くためには、C言語かC++が使われていました。この2つのプログラミング言語は、CPUが直接理解できるマシン語に変換できるという特徴を持ちます。当時のコンピューターは現在に比べると性能が低かったため、複雑なプログラムを実用的な速度で動かすためには、マシン語に変換できる特性が欠かせなかったのです。しかし、マシン語はCPUとOSの種類によって変わるため、C／C++で書かれたプログラムは原則的に、特定のCPUとOS環境でしか動きません。また、C++は本

書の後半で解説するオブジェクト指向を採り入れていましたが、ちょっとしたプログラミングのミスでも、重大な障害を引き起こす傾向がありました。
Javaは仮想マシンという技術を採り入れることで、特定環境でしか動かないという問題を解決しつつ安全に動作するよう改良し、C++より整理されたオブジェクト指向を提供しました。
現在では、複数の環境で実行できるプログラミング言語も少なくありません。しかし、Javaの学習しやすいオブジェクト指向や、特定環境に依存しない性質は今でも高く評価されており、堅牢なプログラムが開発できる言語として広い分野で使われています。

誕生当時のJavaは実力以上に期待されすぎた面もありましたが、現在では「安心して使える定番のプログラミング言語」として安定した人気を誇っています。

Javaプログラムが動作する仕組み

Javaのプログラミングでは、プログラミング言語を使って書いた「ソースコード」に、「コンパイル」という翻訳に当たる処理を行って「クラスファイル」を作成します。コンパイルされてできた「クラスファイル」は、Java仮想マシン（Java Virtual Machine）上で動作します。Java VMとか、JVMと略して呼ばれることがあります。プログラムの1つ1つの処理は、OSに命令を出すことで実行されていきます。この命令はOSごとに異なるので、Java以外で書かれたアプリケーションなどは、他のOS環境では実行することができません。Windowsの命令は、macOSなど他のOSでは理解できず、逆も同じです。

Javaの「クラスファイル」には、Java仮想マシンが理解できる命令が記述されています。Javaのプログラムを実行すると、Java仮想マシンが、クラスファイルの命令をそれぞれの環境に応じた命令（マシン語）に変換しながらOSに命令を出し、処理が行われます。そのため、Java仮想マシンが存在する環境（Windows、Mac、Linuxなど）であれば、作ったプログラムを動かすことができます。この説明だけを読むと、JavaScriptやPythonが採用しているインタプリタ方式（ソースコードを配布し、実行時に変換する方式）に似ていると感じるかもしれません。しかし、クラスファイルはマシン語に近いので動作が高速な上、事前にコンパイルするため実行時のエラーが減るというメリットも持ちます。

▶ Javaプログラムが動作する仕組み

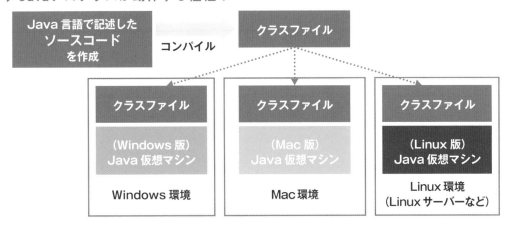

[Javaの主要な用途]

Javaの主な用途について知りましょう

**このレッスンの
ポイント**

Javaで作成したプログラムは、パソコン、スマートフォン、サーバーコンピューター、組み込み機器（家電、OA機器、IoT機器）などさまざまな環境で動かすことができます。特に、大規模かつ長く使われるWebアプリケーションでは、Javaは高く評価されています。

➡ Javaで開発できるアプリケーション

先ほど説明したように、さまざまな環境で動くアプリケーションを開発できるのがJavaの特徴です。開発できるアプリケーションの形態もさまざまなものがあります。

▶ Javaで開発できるアプリケーションの形態

CUI（Character User Interface）アプリケーション	コンソールアプリケーションとも呼ばれる。Windowsのコマンドプロンプトなどから実行できるアプリケーション。キーボードから文字の命令を受け取り、結果も文字（Character）で表示する
GUI（Graphical User Interface）アプリケーション	Windowsアプリなど、文字表示だけではなく、ボタンなどのアイコンや画像などの表示を行うアプリケーション。入力は、キーボードだけでなく、マウスを使ってアイコンの操作を行うことができる
Webアプリケーション	ショッピングサイトなど、Webサーバー側で動作するアプリケーション。Webブラウザからマウス操作やキーボード入力された内容を元に処理を行い、処理結果もWebブラウザ上に表示される
Androidアプリ	Android上で動作するGUIアプリケーション。AndroidアプリはJava言語でも開発できる

> **Javaの用途は、コンピューターと名が付くものの大半の分野にわたっています。**

Javaのデスクトップ(GUI)アプリケーション

デスクトップ (GUI) アプリの開発環境は非常に幅広く、Javaがベストアンサーとは限りません。OS固有の開発環境を利用したほうが、実行環境の機能をフルに引き出せるというメリットもあるためです。ただし、OS固有の機能にさほど依存しないのであれば、Javaは有効な選択肢です。Javaで開発されたデスクトップアプリで近年最も有名なものを挙げると、大

人気ゲームのMinecraft (マインクラフト) があります。GUIという点でいえば、スマートフォンのAndroidでは、登場初期からJavaを標準の開発言語に採用していました。現在は Kotlin (コトリン) という選択肢もありますが、今でも多くの開発者がJavaを使用しています。

> 本書で学習に利用するEclipseもJavaで開発されたアプリケーションです。

JavaのWebアプリケーション

Webアプリケーションは、クライアントサイドとサーバーサイドの2つで構成され、Javaは主にサーバーサイドの開発に使われています。サーバーサイドでは、PHPやRubyなどのライバル言語も広く使われています。PHPやRubyはインタプリタ方式の言語で、

文法が比較的シンプルなので学習しやすく、開発・修正も短時間でできるとされています。それに対し、Javaはしっかりと設計された安定したシステムを開発できるとされています。

> 何にでも使えるJavaですが、Webアプリケーションのサーバーサイド開発に使われることが多いです。

Lesson 03 ［バージョン］
Javaのバージョンやサポート期間について知りましょう

このレッスンの
ポイント

Javaにはいくつかのエディションやバージョンがあります。ここでは本書で扱うJava SEのバージョンについて紹介します。バージョンによって、長期間サポートされるものと、短期間（半年程度）サポートされるものがあります。

→ Javaのエディションによる違い

Javaは Oracle社が権利を所有しており、SE、EE、MEなどのエディション（版）が配布されています。パソコンやスマートフォンで利用するのは主にSEというエディションです。ただし、どのエディションでもJavaというプログラミング言語が変わるわけではありません。プログラミング言語は、言語本体に加えて、標準クラスライブラリと呼ばれる機能を提供するものがセットで配布されます。後者の内容が

エディションによって異なるのです。標準クラスライブラリが提供する機能の例を挙げると、「文字列や日付など基本的なデータの操作」「ファイルシステム」「ネットワーク通信」「GUI（アプリケーション画面）の開発」などがあります。なお、Androidアプリのライブラリは Google社が開発しているため、Java SEには含まれません。

▶ Javaのエディション

エディション	説明
Java SE（Standard Edition）	パソコン、スマートフォン向けのデスクトップアプリケーション
Java EE（Enterprise Edition）	Webアプリケーションなど大規模なサーバー上で動作するアプリケーション
Java ME（Micro Edtion）	家電などの組み込み用途向け

一般的には、パソコン、スマートフォン向けのJava SEを学ぶことになりますが、どのエディションでもJavaというプログラミング言語自体の文法は共通です。

Java SEのバージョン

2017年のJava SE 9以降、半年おきのリリースとなり、それまでよりもハイペースでバージョンが上がるようになりました。また、その中でいくつかのバージョンは長期サポート（LTS）の対象となっており、2020年10月の段階ではJava SE 8とJava SE 11が長期サポート対象です。Javaは下位互換性（古いバージョンのサポート）がしっかりしているため、バージョンが上がったとしても、入門書で扱うレベルの文法が変わることはほとんどありません。本書で学習した内容が突然使えなくなることはないので、安心して学習してください。ただし、バージョンアップに伴って標準ライブラリの機能が廃止される（非推奨になる）ことはあります。本書で扱う標準ライブラリはごく基礎的なものなので心配は不要ですが、本格的にアプリケーションを開発するようになったら注意する必要があります。

▶ Java SEのバージョン履歴

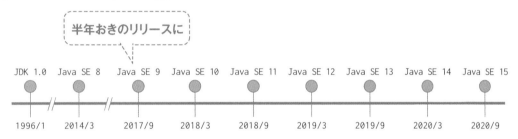

本書執筆時点（2020年10月）におけるJava SEの最新バージョンは15です。本書ではLTSのJava SE 11を使用します。

Lesson 04 [Eclipseのインストール]
プログラミング環境を準備しましょう

**このレッスンの
ポイント**

Javaでプログラムを開発するには、JDKやテキストエディタなどの
ツールが必要です。本書では、必要な機能が1セットになったEclipse
（エクリプス）という統合開発環境を利用します。解説にしたがって
Eclipseをインストールしましょう。

→ プログラミング作業の流れ

プログラミング作業の流れは、「①ソースコードの作成」「②コンパイル」「③実行」が基本です。プログラムが期待通りに動いたら完成ですが、コンパイルした際にJavaの文法に合っていない記述があると、コンパイルエラーが出ます。コンパイルエラーが出たら、①に戻り、ソースコードを修正します。また、コン

パイルを通過したとしても、プログラムを実行した際に期待した通りに動かない場合もあります。例えば、表示したいメッセージが間違っている、計算結果が違っているなどです。この場合も、①に戻り、ソースコードの記述を見直して、間違いを修正します。

▶ プログラミングの流れ

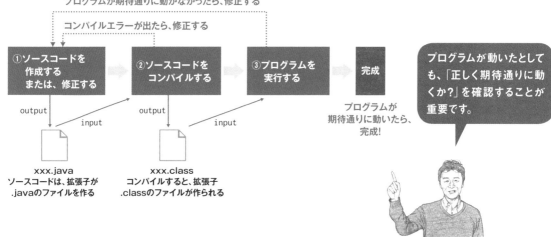

JDKと統合開発環境Eclipse

Javaのプログラミング作業を行うために必要な最小セットは「Java SE（Standard Edition）JDK」と「テキストエディタ」の2つです。JDKはJava Development Kitの略で、Java開発キットと呼ばれることもあります。Java SE JDKには、CUIアプリケーション／GUIアプリケーションを作るために必要な機能、コンパイラ（コンパイルを行うためのプログラム）、Java仮想マシン（プログラムを実行する機能）などが含まれています。テキストエディタはソースコードを編集するためのツールで、Windows付属のメモ帳も使え

ます。

以上が、最低限必要なものですが、より便利な機能が備わっている統合開発環境と呼ばれるツールを使ってプログラミング作業を行うのが一般的です。Javaのプログラミング作業では、Eclipse（エクリプス）という統合開発環境がよく使われます。Eclipseは、オープンソース（プログラムのソースコードが公開されているプロダクト）です。ダウンロードすれば、すぐに使えます。

▶ **開発環境の比較**

プログラミング作業	JDK ＋ エディタを使う場合	Eclipseを使う場合
ソースコードの作成	エディタでプログラムを記述 × ソースコードすべてをキータイプして入力する必要がある × Javaの文法の間違いは、プログラムを保存して、コンパイルするまでわからない	Eclipse内蔵のエディタ機能で記述 ○ テンプレートでソースコードの雛形が自動生成され、Javaのキーワードを途中まで入力すると予測変換されるので、スムーズにミスなくプログラムを作ることができる ○ Javaの文法に合っていないと、入力中に赤字で表示されるので、すぐミスに気づくことができる
コンパイル	コマンドラインから、javac コマンドを使ってコンパイルする × エディタとコマンドラインを行ったり来たりしながら、作業する必要がある	ソースコード（ファイル）を保存すると、そのタイミングで自動でコンパイルされる ○ コンパイルエラーが発生した際、ソースコードの該当箇所に移動することができる ○ 明示的に、コンパイル作業をする必要がない
プログラムの実行	コマンドラインから、コマンドを使って実行する × エディタとコマンドラインを行ったり来たりしながら、作業する必要がある	Eclipseの中で、マウス操作でプログラムを実行できる ○ コマンドラインからコマンドを入力する手間が不要

⊕ Eclipseのインストール

オリジナルのEclipseは英語版です。このため、ツールバーのメニューやメッセージなどは英語で表示されます。この書籍では、日本語化済みで、JDKも　同梱されている「Pleiades All In One Eclipse」を利用します。

▶ Eclipseの画面

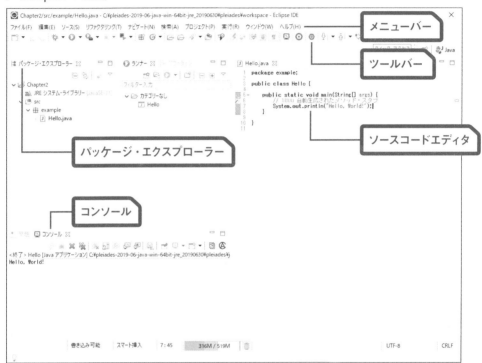

Eclipseをインストールして、プログラミング作業を行える環境を準備してみましょう。

● ファイル圧縮・解凍ソフト7-zipをインストールする

現在のバージョンの「Pleiades All In One Eclipse」は、インストーラーのzipファイルを、Windows標準の解凍機能で解凍するとエラーが発生してしまいます。公式サイトでは、Windows環境の場合、フリーのフ

ァイル圧縮・解凍ソフト「7-zip」で解凍するよう指示されているので、まずは7-zipをインストールしましょう。macOSの場合はこの手順は必要ありません。

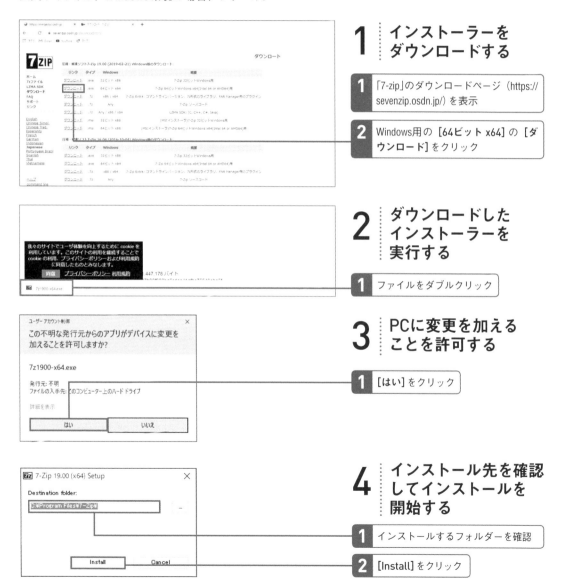

1 インストーラーを ダウンロードする

1 「7-zip」のダウンロードページ（https:// sevenzip.osdn.jp/）を表示

2 Windows用の［64ビット x64］の［ダウンロード］をクリック

2 ダウンロードした インストーラーを 実行する

1 ファイルをダブルクリック

3 PCに変更を加える ことを許可する

1 ［はい］をクリック

4 インストール先を確認 してインストールを 開始する

1 インストールするフォルダーを確認

2 ［Install］をクリック

● Eclipseをインストールする（Windows）

1 Pleiadesを ダウンロードする

1 「Pleiades All In One Eclipse」のダウンロードページ（https://mergedoc.osdn.jp/）を表示

2 [Eclipse 2020 最新版] をクリック

3 [Windows 64bit] の中から、[Java] の [Full Edition] をクリック

4 自動的にダウンロードが開始されない場合は、リンクをクリック

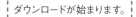

ダウンロードが始まります。

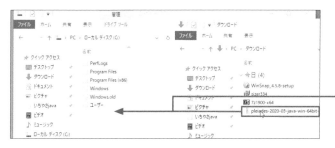

2 インストーラーを Cドライブ直下に 移動する

1 ダウンロードしたzipファイルを [**ダウンロード**] フォルダーからCドライブにドラッグ＆ドロップ

3 移動を許可する

1 [**このフォルダーへ移動するには管理者の権限が必要です**] というメッセージが表示された場合、[**続行**] をクリックします。

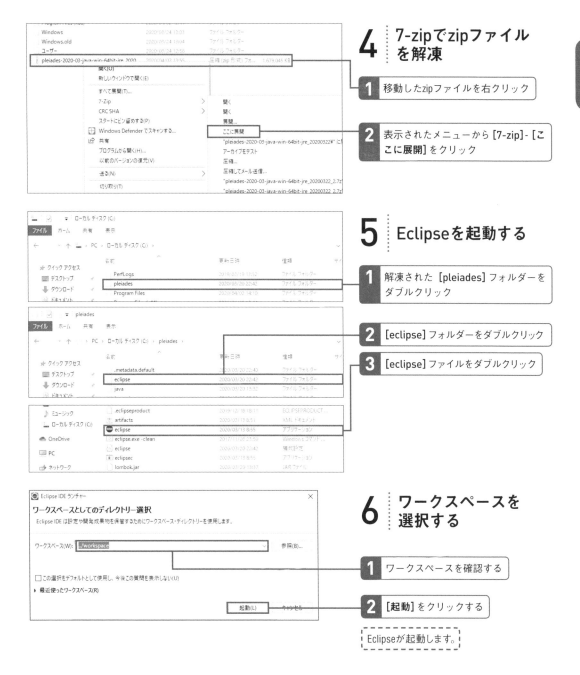

4 7-zipでzipファイルを解凍

1 移動したzipファイルを右クリック

2 表示されたメニューから [7-zip] - [ここに展開] をクリック

5 Eclipseを起動する

1 解凍された [pleiades] フォルダーをダブルクリック

2 [eclipse] フォルダーをダブルクリック

3 [eclipse] ファイルをダブルクリック

6 ワークスペースを選択する

1 ワークスペースを確認する

2 [起動] をクリックする

Eclipseが起動します。

● Eclipseをインストールする(macOS)

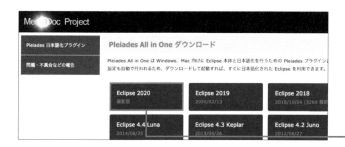

1 Pleiadesを ダウンロードする

1 「Pleiades All In One Eclipse」のダウンロードページ（https://mergedoc.osdn.jp/）を表示

2 [Eclipse 2020 最新版] をクリック

3 [Mac 64bit] の中から、[Java] の [Full Edition] をクリック

4 自動的にダウンロードが開始されない場合は、リンクをクリック

ダウンロードが始まります。

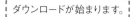

2 ダウンロードした Pleiadesを インストールする

1 ダウンロードしたインストーラーをダブルクリック

左のような画面が表示されます。

2 [Eclipse 2020-03] を [Application] にドラッグ＆ドロップします。

アプリケーションのコピーが始まります。

3 Eclipseを起動する

1 [Eclipse 2020-03] をダブルクリック

Point 警告が表示されてEclipseを起動できない場合

「開発元が未確認のため開けません」という
メッセージが表示された場合、[Eclipse
2020-03] を右クリック（または control キー
を押しながらクリック）し、表示されたメニ
ューの「開く」をクリックします。

"Eclipse_2020-03"の開発元は未確認です。開いて
もよろしいですか？
'Eclipse_2020-03'を開くと、このMacでこのアプリケー
ションの実行が常に許可されます。

ftp.jaist.ac.jp

開く　　キャンセル

2 [開く]をクリックする

Eclipse IDE ランチャー

ワークスペースとしてのディレクトリー選択
Eclipse IDE は設定や開発成果物を保管するためにワークスペース・ディレクトリーを使用します。

ワークスペース: ../workspace　　参照...

この選択をデフォルトとして使用し、今後この質問を表示しない
▶ 最近使ったワークスペース

キャンセル　　起動

4 ワークスペースを選択する

1 ワークスペースを確認する

2 [起動]をクリックする

Eclipseが起動します。

ワークスペースとは、Javaのプログラムファイルな
どを格納する開発作業用のフォルダーのことです。

ワンポイント 知っていると便利なEclipseのショートカットキー

Eclipseのいろいろな操作は、上部メニューなどからさまざまな操作をすることができます。以下のショートカットキーを覚えておくと、マウスで操作することなく、キーボードだけで操作することができるので、便利です。

ショートカットキー	説明
Ctrl + S	ソースコードの保存
Ctrl + W	ファイルを閉じる
Ctrl + Shift + W	すべてのファイルを閉じる
Ctrl + F	ファイルを検索
Ctrl + C	(選択された部分を)コピー
Ctrl + V	貼り付け
Ctrl + Z	(編集した内容を)元に戻す
Ctrl + U	やり直し
Ctrl + /	選択されている行の先頭に// が入り、行コメントアウトされる 複数行選択していれば、複数行が行コメントアウトされる コメントアウトされている状態で、このショートカットキーを押すと、コメントアウトが解除される
Ctrl + Shift + /	選択されている行が /* ～ */ で囲われ、コメントアウトされる
Ctrl + Shift + F	ソースコードを整形する。インデントが必要な部分が正しくインデントされる
Ctrl + + (プラスキー)	ソースコードのフォントサイズを大きくする 複数回押すと、さらに大きくなる
Ctrl + - (マイナスキー)	ソースコードのフォントサイズを小さくする 複数回押すと、さらに小さくなる
Ctrl + Shift + L	ショートカット一覧の表示

Chapter

2

Javaの基本を
学ぼう

簡単なJavaプログラムに触れ
ながら、プログラミングの基本
を学んでいきましょう。この
ChapterはJavaプロジェクトの
作成から始まって、変数、基
本データ型、算術演算などを
解説します。

Lesson 05

[はじめてのJavaプログラミング]

はじめてのJavaプログラミングに挑戦しましょう

このレッスンの
ポイント

Eclipseを使って、Javaのプログラムを作成してみましょう。ここでは、プロジェクトとソースコードの作成方法、プログラムの実行方法を解説します。プログラムの内容はあとで説明するので、まずは操作を身に付けましょう。

→ Javaプロジェクトとは

Eclipseでプログラムを作成するには、まずプロジェクトを作成します。プログラムは、このプロジェクトの中に作成していきます。プログラムは、プログラミング言語でテキストファイルとして作成します。このプログラミング言語で書かれたテキストファイ

ルのことをソースコードファイルと呼びます。また、ソースコードファイルを整理するために、パッケージも作成します。パッケージはひとまず、ファイルを管理するフォルダーのようなものとイメージしてください。

▶ Javaプロジェクトの構成

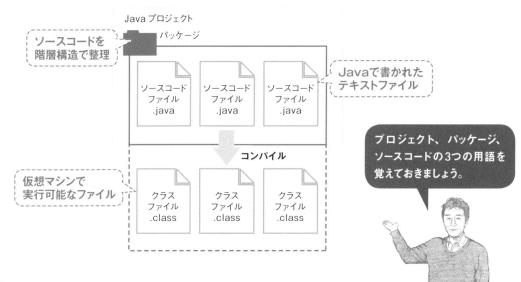

● 新規のプロジェクトを作成する

1 メニューからプロジェクトを作成する

1 [ファイル] - [新規] - [Javaプロジェクト] をクリック

2 プロジェクト名を指定する

プロジェクトの名前を決めてください。いろいろな設定
項目がありますが、プロジェクト名以外は下の図の通り
になっていれば、問題ありません。

1 [プロジェクト名] にプロジェクトの名前を入力（ここでは「Chapter2」）

他は初期設定のままでかまいません。

2 [完了] をクリック

「実行環境 JRE」という項目がありますが、これは Java 仮想マシンのバージョンを指します。

3 | モジュールの作成画面を確認する

次にモジュールの作成画面が表示されます。モジュールはパッケージを管理するためのものですが、本書では使用しません。[作成しない] を選択して先に進んでください。

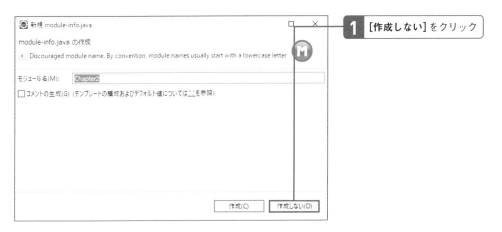

1 [作成しない] をクリック

4 | 作成したプロジェクトを確認する

Eclipseのパッケージ・エクスプローラーにプロジェクト名が表示されたら作成完了です。パッケージ・エクスプローラーには、プロジェクト内に含まれるファイルがツリー表示されています。

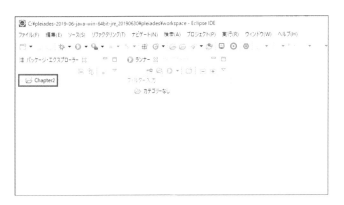

> パッケージ・エクスプローラーの隣に表示されている「ランナー」には、実行段階で利用するツールなどの設定が表示されます。本書では気にしなくてOKです。

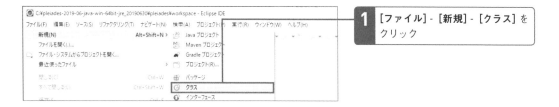

● ソースコードを作成する

1 新規のクラスを作成する

ソースコードを作成するために、新規の「クラス」というものを作成します。詳しくはあとの説明となりますが、「クラス」「インターフェース」「列挙型」といったものを作成すると、それを入力するための拡張子javaのファイルが作成されると理解してください。

1 [ファイル] - [新規] - [クラス] をクリック

2 クラス名を指定する

パッケージとクラスの名前を指定します。他にもいろいろな設定項目がありますが、Javaのルールを理解するとおいおいわかってくるものなので、今は下の図の通りに設定してください。

1 [パッケージ] にパッケージの名前を入力（ここでは「example」）

2 [名前] にクラスの名前を入力（ここでは「Hello」）

3 [public static void main(String[] args)] にチェックマークを付ける

他は初期設定のままでかまいません。

4 [完了] をクリック

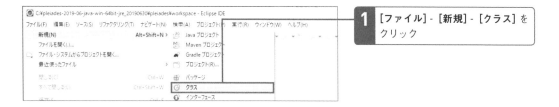 図中テキスト:
C:¥pleiades-2019-06-java-win-64bit-jre_20190630¥pleiades¥workspace - Eclipse IDE
ファイル(F) 編集(E) ソース(S) リファクタリング(T) ナビゲート(N) 検索(A) プロジェクト(P) 実行(R) ウィンドウ(W) ヘルプ(H)
新規(N)　Alt+Shift+N >　Java プロジェクト
ファイルを開く(.)...　Maven プロジェクト
ファイル・システムからプロジェクトを開く...　Gradle プロジェクト
最近使ったファイル　>　プロジェクト(R)...
閉じる(C)　Ctrl+W　パッケージ
すべて閉じる(L)　Ctrl+Shift+W　クラス
　インターフェース

 図中テキスト:
Java クラス
新規 Java クラスを作成します。
ソース・フォルダー(D): Chapter2/src　参照(O)...
パッケージ(K): example　参照(W)...
□ エンクロージング型(Y):　参照(W)...
名前(M): Hello
修飾子: ● public(P) ○ パッケージ(C) private(V) protected(T)
□ abstract(T) □ final(L) 静的(C)
スーパークラス(S): java.lang.Object　参照(E)...
インターフェース(I):　追加(A)...
　除去(R)
どのメソッド・スタブを作成しますか?
☑ public static void main(String[] args)(V)
□ スーパークラスからのコンストラクター(U)
☑ 継承された抽象メソッド(H)
コメントを追加しますか? (テンプレートの構成およびデフォルト値についてはここを参照)
□ コメントの生成(G)
完了(F)　キャンセル

3 ┊ 作成したクラスを確認する

パッケージ・エクスプローラーの「Chapter2」の下に、い
くつかの項目が追加されています。「example」というパッ
ケージの下に表示されている「Hello.java」がソースコー

ドです。Hello.javaを選択すると、右側の領域にファイ
ルの内容が表示されます。

作成したクラスのファイルHello.javaが表示
されます。

4 ┊ 作成したクラスの中身を記述する ▐Hello.java▌

Hello.javaには、すでに何かが書き込まれています。6行
目の「// TODO 自動作成されたメソッド・スタブ」の部分

に次の1行を入力してください。

```
001  package_example;
002
003  public_class_Hello_{
004
005  ____public_static_void_main(String[]_args)_{
006  _____System.out.println("Hello,_World!");
007  ____}
008  }
```

1 この行を入力

2 プログラムを入力

ソースコードは、すべて半角英数字で入力してください。日本語などの全角文字が使えるのは限られた部分です。

5 作成したソースコードを保存する

入力が終わったので、[ファイル] - [保存]をクリックして保存します。ファイルは小まめに保存したほうがよいの

で、ショートカットキーの Ctrl + S キーも覚えておきましょう。

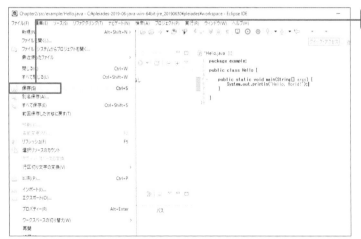

1 [ファイル] - [保存]をクリック

● Eclipseを使ってJavaプログラムを実行する

入力したプログラムを実行してみましょう。ツールバーの [▶] ボタンの [▼] をクリックし、表示された メニューの [実行] - [Javaアプリケーション] をクリックします。

1 Javaプログラムを実行する

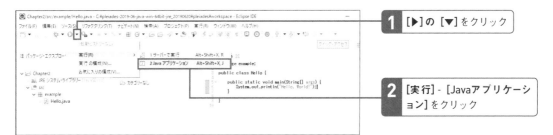

1 [▶] の [▼] をクリック

2 [実行] - [Javaアプリケーション] をクリック

2 プログラムの実行結果を確認する

プログラムが実行されると、下部のコンソールに「Hello World!」と表示されます。

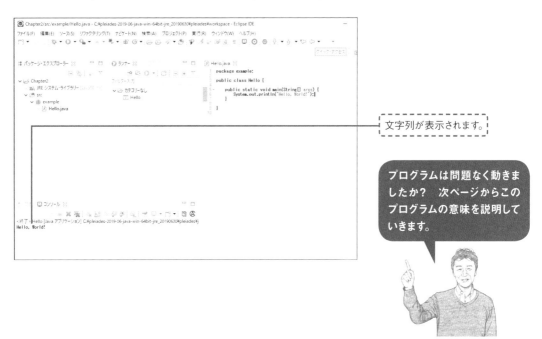

文字列が表示されます。

プログラムは問題なく動きましたか？ 次ページからこのプログラムの意味を説明していきます。

Lesson 06

[プログラムの基本構造]

Javaプログラムの基本構造を 見てみましょう

このレッスンの
ポイント

前のLessonで作成して実行したプログラムの中身を確認していきましょう。文字を表示するだけの簡単なものですが、これから先に出てくるJavaのプログラムも基本構造は共通です。ここでしっかり理解しておきましょう。

Javaプログラムの基本構造

Javaプログラムの構造は大きく2つで成り立っています。ソースコードファイルの先頭はパッケージ名の指定で、そこから先がクラスの定義になります。クラスについては少しずつ説明していきますが、プロ

グラムの部品と考えてください。「{}（波カッコ）」が部品の始まりと終わりを表しており、クラスという部品の中にメソッドという部品が入っています。そしてメソッドの中に、実際に行う処理を書きます。

▶ Javaプログラムの基本構造

```
package example;                                    1  「example」というパッケージ名を付ける

public class Hello {                                2  Helloクラスの定義の始まり
    public static void main(String[] args) {        3  mainメソッドの定義の始まり
        System.out.println("Hello, World!");         4  プログラムで行う処理
    }                                               5  mainメソッドの終わり
}                                                   6  クラス定義の終わり
```

Javaのプログラムは、どれもクラスの中にメソッドが入った構造になっています。

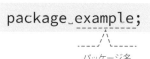 パッケージ名の指定

Javaでは、それぞれのソースコードファイルに「パッケージ名」を付けることで、「フォルダー」のように整理してソースコードファイルを管理することができます。今はソースコードファイルが1つしかないのであまりメリットが感じられないと思いますが、プログラムが複雑になってくると、複数のソースコードファイルに分割して書く必要が出てきます。パッケージは、そのような状況で役に立つ機能です。

パッケージ名は、「package」というキーワードを使って、指定します。本書では、「example」というパッケージ名を付けて、実例のクラスを入れていきます。

▶ パッケージ名の書式

```
package example;
```
パッケージ名

WordやExcelで作った文書ファイルが増えてきたときも、フォルダーを作って分類しますね。パッケージも考え方は同じです。

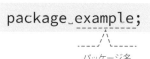 クラスの定義とmainメソッドの定義

Javaのプログラムは、クラスを定義して、その中にメソッドなどの定義を書いていきます。下のクラス定義の書式を見てください。クラス名は、プログラムごとに好きな名前を付けることができます。クラス名のあとの「{ (波カッコの始まり)」から「} (波カッコの終わり)」までが、定義したクラスの中身になります。

プログラムを実行したときに、最初に実行されるのがmainメソッドです。プログラムに行わせる処理は、このmainメソッドの中に書いていきます。「{」から「}」までが、mainメソッドの中身になります。

他にも「public」「static」「void」などのキーワードが書かれていますが、これらの意味についてはあとのChapterで説明します。今はクラス定義とmainメソッドをこの通りに記述してみましょう。

▶ クラス定義の書式

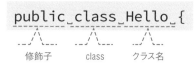

```
public class Hello {
```
修飾子　　　class　　　クラス名

▶ mainメソッドの書式

```
public static void main(String[] args) {
```
修飾子　　戻り値の型　メソッド名　　引数の指定

mainメソッドの中で行っている処理

ここからは main メソッドの中に書かれている部分を見ていきましょう。System.out.println メソッドは、

画面（コンソール）に文字列を表示することができます。表示したいものを丸カッコの中に書きます。

▶ System.out.printlnメソッドの書式

```
System.out.println("Hello, World!");
```

表示したい文字列

System.out.printlnを使うと、画面
（コンソール）に文字列を表示することができます。

文字列は半角のダブルクォートで囲む

System.out.println メソッドは、丸カッコの中にあるものを画面に表示します。「Hello, World!」のように文字が連なった単語や文章のことを「文字列」といいます。Javaでの文字列は、「"（ダブルクォート）」

で括る必要があります。「"」で括られた「文字列」の中には、半角英数字だけでなく日本語も指定できます。

▶ 文字列の例

```
"Hello"
"Hello, World!"
"こんにちは！"
"こんにちは、みなさん！"
```

▶ 日本語の文字列を表示する例

```
System.out.println("こんにちは！");
```

画面に「こんにちは！」と表示されます。

プログラム内に説明を書きたいときに使うコメント

プログラムの内容をわかりやすくするため、ソースコードの中に説明を書きたい場合は、コメントを利用します。

1行のコメントを書きたい場合は「//」を使います。「//」

からその行の行末まではコメントとなります。複数行のコメントを書きたい場合は、「/*」と「*/」を使います。「/*」から「*/」までの間がコメントになります。

▶ コメントの利用例

```
public_class_Hello_{
____public_static_void_main(String[]_args)_{
_____//__1行コメント（日本語も使えます）
_____System.out.println("Hello,_World!");
_____/*__←ここがコメントの始まり
_____この行もコメント
_____ここまでがコメント_→_*/
____}
}
```

 ## インデントでソースコードの構造（ブロック）を見やすくする

ここまで出てきたクラス定義も、mainメソッドもそうですが、Javaのプログラムは、「{」で始まり、「}」で終わる書式で記述していきます。この{ }の塊をブロックといいます。Javaのソースコードは、ブロックの中にブロックが入った構造で記述します。

この構造を見やすくするために、ブロックの中身は

行の先頭に「タブ」や「複数の半角スペース」を入れて字下げ（インデント）して記述するのが一般的です。インデントしなくてもJavaの文法としては間違っていないので、コンパイルエラーにはならず、プログラムを実行することができますが、どこからどこまでがブロックなのかわかりにくくなってしまいます。

▶ インデントしない例

```
public_class_Hello_{
public_static_void_main(String[]_args)_{
System.out.println("Hello,_World!");
}
}
```

インデントして、構造がわかりやすいソースコードを書くよう、心がけましょう。

Lesson 07 ［変数］
変数に値を記憶させてみましょう

**このレッスンの
ポイント**

前のLessonで出てきた文字列や数値などのデータ（値）を変数に入れると、その変数に入っているデータ（値）を参照したり、変更したりすることができます。このLessonでは、変数の作り方と使い方を学びましょう。

→ 変数とは

プログラムで扱いたいデータ（値）を変数に入れると、その変数に入っているデータ（値）を参照したり、変更したりすることができます。変数とは、データ（値）を記憶させておくための箱のようなものです。

変数を用意すると、コンピューターのメモリ上にその変数の値を入れる領域が確保され、値を記憶させることができます。変数を用意する際には、変数名（箱に付ける名前）と型（箱の種類）を指定します。

▶ 変数のイメージ図

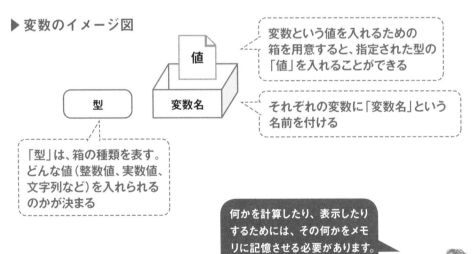

値

型

変数名

変数という値を入れるための箱を用意すると、指定された型の「値」を入れることができる

それぞれの変数に「変数名」という名前を付ける

「型」は、箱の種類を表す。どんな値（整数値、実数値、文字列など）を入れられるのかが決まる

何かを計算したり、表示したりするためには、その何かをメモリに記憶させる必要があります。そのための仕組みが変数です。

➔ 変数を宣言する

変数を利用するにはまず「変数を宣言する」必要があります。これにより値を入れるための箱が用意されます。変数宣言の書式は「型名 変数名;」です。データ（値）には文字列や数値などの種類があり、

これを「型（かた）」といいます。変数の宣言では、入れるデータの種類に応じて「型名」を指定する必要があります。変数名は、変数という箱に付ける名前です。

▶ int型のnumという名前の変数を宣言

整数を表す型

`int_num;`

変数に付けた名前（変数名）

▶ 変数のイメージ図

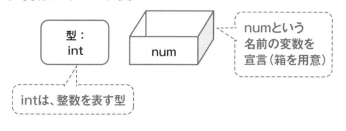

型：
int

num

numという名前の変数を宣言（箱を用意）

intは、整数を表す型

Javaの変数は、中に入れるデータの種類を表す「型」を指定しないと作成できません。

➔ 変数に値を代入する

変数に値を入れることを「変数に値を代入する」といいます。上記の「num」という変数に整数値10を代入するには、下のように書きます。代入には「=（イコール）」という記号を使います。この「=」は「右側

と左側が等しい」という意味ではなく「右側（右辺）にあるものを左側（左辺）に入れる（代入する）」という意味であることを覚えておきましょう。

▶ 変数に値を入れる

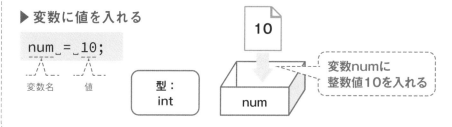

`num_=_10;`

変数名　　　値

10

型：
int

num

変数numに整数値10を入れる

変数の初期化

「変数の宣言」と「値の代入」は2行に分けて書くことができますが、1行にまとめて書くこともできます。

「変数の宣言」と「値の代入」をまとめて書くことを「変数の初期化」と呼びます。

▶「変数の宣言」と「値の代入」を分けて書く

```
int_num;
num_=_10;
```

▶ まとめて書くと「変数の初期化」

```
int_num_=_10;
```

 変数の使い方

System.out.printlnメソッドの丸カッコの中に文字列を書くと、その文字列を表示することができましたが、丸カッコの中に変数を書くと、その変数に入っている「値」が表示されます。

▶ 変数の値を表示する例

```
int_num; ············· 整数を入れることができる「num」という名前の変数を宣言
num_=_10; ············ 変数numに10を代入する
System.out.println(num); ··········変数numに入っている値（10）が表示される
System.out.println("num"); ········こちらは文字列なので「num」と表示される
```

"num"と書くと「『num』という文字列を表示しろ」という意味になってしまいます。「"」の有無に注意しましょう。

● 変数を使ってみよう

変数を利用するプログラムを作って、実際に試して
みましょう。先ほど作成したChapter2プロジェクト
に新しいクラス(ソースコードファイル)を追加します。

mainメソッドを持つソースコードファイルが複数あ
る場合、パッケージ・エクスプローラーで選択して
いるほうが実行されます。

1 プロジェクトにクラスを追加する

新しいクラスをプロジェクトに追加します。名前は「VariableSample」とします。

1 [ファイル] - [新規] - [クラス]
をクリック

2 [名前] に 「VariableSample」と入力

3 [public static void main(String[]
args)] にチェックマークを付ける

他は初期設定のままでかまいません。

4 [完了] をクリック

Point mainメソッドの自動作成

[public static void main(String[] args)] にチ
ェックマークを付けて作成したクラスには、
mainメソッドがあらかじめ追加されます。プ

ロジェクト内にmainメソッドを持つソースコ
ードファイルが1つもない場合、そのプロジ
ェクトは単独で実行できません。

2 変数を作成して初期化する VariableSample.java

作成したクラスに下記のプログラムを記述します。mainメソッドのブロック内でint型変数numを宣言し、10で初期化します❶。変数numをSystem.out.printlnメソッドで表示します❷。

```
001  package example;
002
003  public class VariableSample {
004      public static void main(String[] args) {
005          int num = 10;
006          System.out.println(num);
007      }
008  }
```

1 変数numを宣言して初期化
2 変数numを表示

3 プログラムを実行する

プログラムの実行手順はHello.javaのときと同じです。実行したいソースコードファイルを選択します。

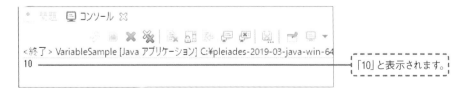

1 [VariableSample.java]を選択

2 [▶]-[実行]-[Javaアプリケーション]をクリック

4 実行結果を確認する

```
<終了> VariableSample [Java アプリケーション] C:¥pleiades-2019-03-java-win-64
10
```

「10」と表示されます。

● 変数の理解を深めよう

VariableSample.javaを書き換えて、変数のさまざまな処理を試してみましょう。変数はこのあとも何度も使うので、大まかな使い方は必ず理解しておく必要があります。

1 変数に他の値を代入する `VariableSample.java`

すでに値が入っている変数に他の値を代入すると❶、新しい値で上書きされます。

```
001  package example;
002
003  public class VariableSample {
004      public static void main(String[] args) {
005          int num = 10;
006          System.out.println(num);
007          num = 20;
008          System.out.println(num);
009      }
010  }
```

1 変数numに20を代入

2 変数numを表示

```
  警告  🖥 コンソール ✖
            ✖ ✖   ...
<終了> VariableSample [Java アプリケーション] C:¥pleiades-2019-03-java-win-64
10
20
```

「10」と表示されたあと、「20」と表示されます。

Point 変数の値の上書き

変数に値が入っている状態で、代入を行うと、新しい値（20）で元の値（10）が上書きされます。

int型 num 10   num = 20;   num 20

2 複数の変数を宣言する

扱いたい値が複数ある場合は、変数を複数宣言する　　必要があります。
ことができます。その際、変数名は異なる名前にする

```
001 package_example;
002
003 public_class_VariableSample_{
004 ____public_static_void_main(String[]_args)_{
005 _____int_num_=_10;
006 _____int_num2_=_100;————————  1  変数num2を宣言して初期化
007 _____System.out.println(num);
008 _____System.out.println(num2);————  2  変数num2を表示
009 ____}
010 }
```

```
問題  コンソール  ✕

<終了> VariableSample [Java アプリケーション] C:¥pleiades-2019-03-java-win-64
10
100 ————————  「10」と「100」が表示されます。
```

3 同じ名前の変数は宣言できない

すでに変数宣言されている変数名で、再度、変数　　試しに変数num2を変数numに書き換えて実行して
の宣言を行うと、コンパイルエラーになります。変　　みましょう❶。
数ごとに、異なる変数名を付けなければいけません。

```
001 package_example;
002
003 public_class_VariableSample_{
004 ____public_static_void_main(String[]_args)_{
005 _____int_num_=_10;
006 _____int_num_=_100;————————  1  num2をnumに変更
007 _____System.out.println(num);
008 _____System.out.println(num);
     ……後略……
```

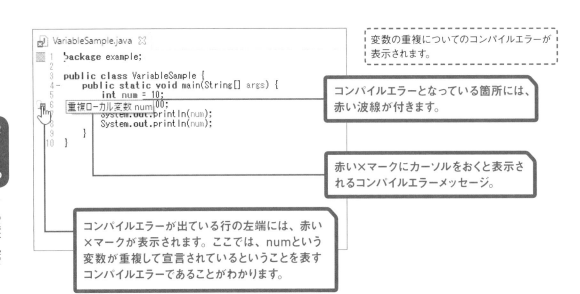

```
VariableSample.java ⊠
1    package example;
2
3    public class VariableSample {
4 -      public static void main(String[] args) {
5            int num = 10;
6        重複ローカル変数 num 00;
7            System.out.println(num);
8            System.out.println(num);
9        }
10   }
```

変数の重複についてのコンパイルエラーが
表示されます。

コンパイルエラーとなっている箇所には、
赤い波線が付きます。

赤い×マークにカーソルをおくと表示される
コンパイルエラーメッセージ。

コンパイルエラーが出ている行の左端には、赤い
×マークが表示されます。ここでは、numという
変数が重複して宣言されているということを表す
コンパイルエラーであることがわかります。

複数の変数を使うときに、誤って既存の名前を
使ってしまうのはとてもよくあるミスです。ただし、
コンパイラが「重複ローカル変数」というエラーを
出してくれるので、それほど心配はありません。

Lesson 08 ［変数の型］
変数の型について知りましょう

このレッスンの
ポイント

変数の型は自分で増やすこともできるため、とてもたくさんの種類があります。前のLessonでは、整数を入れるためのint型を使いましたが、他にはどんなデータ型があるのか、基本的なものを中心に学んでいきましょう。

→ 基本データ型

ここまでは、int型のみを利用してきましたが、他にも以下のような型があります。型は「基本データ型」と「参照型」の2種類に大別でき、int型は基本データ型、文字列は参照型です。

▶ 主な基本データ型

型名	種類	値の例
int	整数（小数部のない数値）	0、123、-12
double	浮動小数点数（小数部のある数値）	0.0、1.5、5.0、-3.62
boolean	真偽値	true、false

▶ 主な参照型

型名	種類	値の例
String	文字列	"Hello, World"、"いちばんやさしいJava"、"あ"、"123"

参照型については、Chapter 4で詳しく説明します。ここでは、「文字列を格納するための型はString型」と覚えましょう。

さまざまな型を利用する

1 | さまざまな型の変数に値を代入する TypeSample.java

新たにTypeSampleクラスを作成します。mainメソッ　：　れぞれを表示してみましょう❶❷❸❹。
ドのブロック内でさまざまな型の変数を宣言し、そ

```
001  package example;
002
003  public class TypeSample {
004      public static void main(String[] args) {
005          // 整数
006          int sum = 5;
007          System.out.println(sum);
008
009          // 浮動小数点数
010          double rate = 10.5;
011          System.out.println(rate);
012
013          // 真偽値
014          boolean isHoliday = true;
015          System.out.println(isHoliday);
016
017          // 文字列
018          String title = "いちばんやさしいJava";
019          System.out.println(title);
020      }
021  }
```

1 int型変数を宣言して表示

2 double型変数を宣言して表示

3 boolean型変数を宣言して表示

4 String型変数を宣言して表示

```
● 問題 🖳 コンソール ✕

<終了> TypeSample [Java アプリケーション] C:¥plei
5
10.5
true
いちばんやさしいJava
```

それぞれの値が表示されます。

クラスの作成と実行の手順はこれまでと同じです。忘れてしまったらP.33を参照してください。

Point 複数の型のイメージ

作成した変数と型、値の関係を図にすると、
右図のようになります。

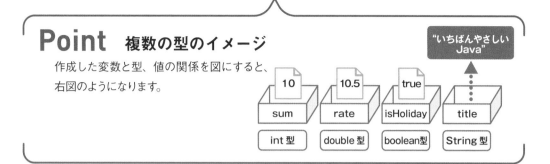

2 | 変数に異なる型の値を代入するとどうなる？

宣言した変数の型と異なる型の値を代入すると❶❷❸❹、コンパイルエラーになりす。

```
001  package_example;
002
003  public_class_TypeSample_{
004  ____public_static_void_main(String[]_args)_{
005  _____//_整数
006  _____int_sum_=_2.5;           1 浮動小数点数を代入
007  _____System.out.println(sum);
008
009  _____//_浮動小数点数
010  _____double_rate_=_"10.5";    2 文字列を代入
011  _____System.out.println(rate);
012
013  _____//_真偽値
014  _____boolean_isHoliday_=_"true";  3 文字列を代入
015  _____System.out.println(isHoliday);
016
017  _____//_文字列
018  _____String_title_=_5;        4 数値を代入
019  _____System.out.println(title);
020  ____}
021  }
```

NEXT PAGE ➜

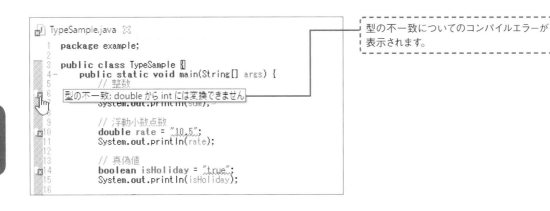

型の不一致についてのコンパイルエラーが
表示されます。

```
1  package example;
2
3  public class TypeSample {
4      public static void main(String[] args) {
5          // 整数
6  型の不一致: double から int には変換できません
      System.out.println(sum);
9          // 浮動小数点数
10         double rate = "10.5";
11         System.out.println(rate);
12
13         // 真偽値
14         boolean isHoliday = "true";
15         System.out.println(isHoliday);
16
```

型が合っていないと変数が使えないのは、
最初は面倒に感じるかもしれません。しかし
逆に、型についてのトラブルが減ると考えて
ください。変数に代入を行う際は、変数の
型を意識するようにしましょう。

Lesson 09 ［変数の命名規則］
変数の名前の付け方を知りましょう

このレッスンの
ポイント

変数には命名ルールがあります。ルールの1つは、Javaの規則で定められていて、守らないとコンパイルエラーになるものです。もう1つは、コンパイルエラーにはならないものの、慣習として決められているものです。わかりやすい名前の付け方を学びましょう。

→ 変数名の規則（コンパイルエラーになるもの）

変数名には、以下のような規則があります。文字数の制限はないため、何行にもわたるようなとても長い変数名の変数も宣言できます。ただし、あまり長すぎる名前を付けると、タイプミスが起こりやすく、プログラムが読みにくくなるので、注意しましょう。

▶ 変数名の規則の例

- 変数名には、半角英数字（A〜Z、a〜z、0〜9）、_（アンダーバー）、$（ドルマーク）などの一部の記号を使える。
- Java言語自体が利用するキーワード（予約語と呼ぶ）を変数名に使うことはできない。class や intなどは予約語なので、変数名には使えない。

```
int  class = 10; ····· コンパイルエラー：classという変数名は付けられない
int  int = 10; ········ コンパイルエラー：intという変数名は付けられない
```

- 数字は2文字目以降で使える(1文字目には使えない)。

```
int number1; ········· 2文字目以降で数字が使われているのでOK
int 1number; ········· コンパイルエラー：数字始まりの変数名は付けられない
```

- 大文字／小文字は、別の文字として区別される。

```
int number = 10; ····· numberという変数が用意され、初期値10が設定される
int Number = 20; ····· 上記とは別のNumberという変数が用意され、初期値20が設定される
```

変数名の慣習的なルール

「変数名の規則」に則っていれば、任意の名前の変数を宣言することができます。ただし、ルールがあいまいだと「number」と「Number」のどちらの名前を付けたか混乱してしまい、それがエラーの原因になってしまうこともあります。

そのため、一般的には、プログラムを読みやすくするため、以下のような変数名を付けます。

▶ 慣習的なルールの例

• _（アンダーバー）、$（ドルマーク）などの記号は使わず、英数字のみを利用する。

```
int number; ············ ◎英数字のみ
int $number; ·········· ×コンパイルはできるが、変数名に記号は含めないほうがよい
```

• 用途がわかるような名前を付ける。
• 1つの単語からなる変数名は、すべて小文字にする。

```
int aaa; ············ ×この変数はどんな用途で使われるのか、変数名を見ただけではわからない
int age; ············ ◎年齢を入れる変数だと変数名を見ればわかる
```

• 複数の単語を組み合わせるとよりわかりやすくなる。その場合、あとから付ける単語の先頭のみを大文字にして、単語の区切りをわかるようにする（変数名の途中にスペースは使えない）。

```
String userFirstName; ······◎あとからつなげる単語の先頭を大文字にして、
                              単語の区切りがわかるようにする
String userfirstname; ······×単語の区切りがわかりにくい
String user first name; ···×変数名の一部にスペースは使えないのでコンパイルエラーになる
```

> 変数の他に、クラスやメソッドにも命名ルールがあります。コンパイルエラーにならないのは同じですが、名前だけである程度区別できるようにするため、慣習的なルールが異なっています。

Lesson 10

[算術演算子]

演算子を使って計算しましょう

このレッスンの
ポイント

コンピューターは計算が得意です。計算を行うには、「演算子」という記号を組み合わせた式を書きます。どんな計算を行うことができるのか、計算を行うにはどんなプログラムを書けばよいのか、を学んでいきましょう。

→ 式と演算子

計算とは、値に処理を加えて別の値を作ることです。プログラミング言語では、計算のことを演算と呼びます。最も簡単な計算の例としては、「1 + 2」のような足し算があります。値と演算の種類を表す記号を組み合わせたものを、「式」と呼びます。また、この

演算を表す記号を演算子と呼びます。例えば、「1 + 2」という足し算の式は、2つの値（1 と 2）と、足し算を表す「+（プラス）」という演算子で構成されています。

▶ 式と演算子

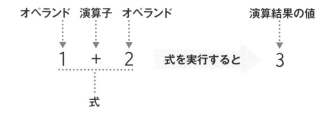

式は、オペランド（変数や値）とオペレーター（演算子）で構成されます。式を実行すると、その実行結果として新しい「値」を得ることができます。

基本的な演算子

数値（整数型や浮動小数点型）同士で行える演算もあれば、他のデータ型（真偽型や文字列型）の値に対して行える演算もあります。まずは、最も基本的な数値同士で行える演算で利用する演算子から見ていくことにしましょう。足し算、引き算を表す演算子は、算数と同様で、+（半角のプラス）、-（半角のマイナス）を使います。また、掛け算/割り算も全角記号の×、÷ではなく、*（半角のアスタリスク）、/（半角のスラッシュ）を使います。%（半角のパーセント）を使うと、割った余りを求めることができます。

▶ 算術演算子

演算子	説明
+	足し算
-	引き算
*	掛け算
/	割り算
%	剰余（割った余りを求める演算）

> 演算子は半角記号を使います。＋（全角のプラス）や－（全角のマイナス）は、算術演算子と見なされず、コンパイルエラーとなるので気を付けましょう。

👍 ワンポイント 浮動小数点型とは

float型やdouble型のような、小数点を含む数値の型のことを、浮動小数点型（floating point types）と呼びます。この名前は、数値の小数点が動くことに由来します。例えば「0.00000123456」のように小さな値や、「123456000000.0」のように大きな値を、小数点を動かすことで表現できます。

● 演算子を使ってみよう

1 演算子を使って計算する `NumberOperationSample1.java`

新たにNumberOperationSample1クラスを作成します。mainメソッドのブロック内でさまざまな演算を行い、結果を表示してみましょう。まず足し算を行ってみましょう。演算（1 + 1）が行われ、演算結果の2がSystem.out.printlnメソッドに渡されてコンソールに出力されます❶。他の演算子の例も同様です❷❸❹❺❻。

```
001  package_example;
002
003  public_class_NumberOperationSample1_{
004  ____public_static_void_main(String[]_args)_{
005  _____//_足し算
006  _____System.out.println(1_+_1);          1  足し算した結果を表示
007  _____//_引き算
008  _____System.out.println(10_-_5);         2  引き算した結果を表示
009  _____//_掛け算
010  _____System.out.println(2_*_3);          3  掛け算した結果を表示
011  _____//_割り算
012  _____System.out.println(6_/_2);          4  割り算した結果を表示
013  _____//_剰余（割り算の余りを求める演算）
014  _____System.out.println(5_%_2);          5  割った余りを表示
015  _____//_浮動小数点型の算術演算
016  _____System.out.println(1.5_+_1.4);      6  浮動小数点数の計算結果を表示
017  _____System.out.println(10.5_-_0.5);
018  ____}
019  }
```

```
＊  問題  □ コンソール ⊠

       ■ ✖ ✖ | ⎗ ⎙ | ⎘ ⎚ | ⊞ | ➡ ⬚ ▾
<終了> NumberOperationSample1 [Java アプリケーション] C:¥pleiades-2019-03-
2
5
6
3
1
2.9
10.0
```

計算結果が表示されます。

2 | 数値型の変数を使って計算する `NumberOperationSample2.java`

値の代わりに、整数型（int）や浮動小数点型（double）の変数を使って、演算を行うこともできます。その場合は、その変数に代入されている値が使われます❶❷。

```java
001 package example;
002
003 public class NumberOperationSample2 {
004     public static void main(String[] args) {
005         int num1 = 4;
006         int num2 = 2;
007         System.out.println(num1 + num2);
008         System.out.println(num1 - num2);
009         System.out.println(num1 * num2);
010         System.out.println(num1 / num2);
011     }
012 }
```

1 変数num1、num2を宣言して初期化

2 変数同士の四則演算を行う

コンソール

<終了> NumberOperationSample2 [Java アプリケーション] C:¥pleiades-2019-03-

```
6
2
8
2
```

計算結果が表示されます。

Point 整数型の変数の四則演算

変数num1には4、変数num2には2を代入しています。そのためプログラムを実行すると、それぞれ「4+2」「4-2」「4*2」「4/2」という計算が行われます。

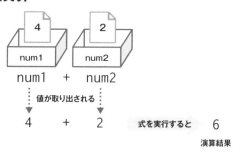

num1 + num2

値が取り出される

4 + 2   式を実行すると   6

演算結果

3 浮動小数点型の変数を使って計算する

今度は浮動小数点型の変数を使ってみましょう❶❷。考え方は整数型変数と同じです。

```
001  package example;
002
003  public class NumberOperationSample2 {
004      public static void main(String[] args) {
005          int num1 = 4;
006          int num2 = 2;
007          System.out.println(num1 + num2);
008          System.out.println(num1 - num2);
009          System.out.println(num1 * num2);
010          System.out.println(num1 / num2);
011
012          double num3 = 4.0;
013          double num4 = 0.5;
014          System.out.println(num3 + num4);
015          System.out.println(num3 - num4);
016      }
017  }
```

1 変数num3、num4を宣言して初期化

2 変数同士の四則演算を行う

	コンソール ✕
`<終了> NumberOperationSample2 [Java アプリケーション] C:¥pleiades-2019-03-`	
6	
2	
8	
2	
4.5	← 計算結果が表示されます。
3.5	

Point 浮動小数点型の変数の足し算、引き算

変数num3には4.0、変数num4には0.5を代入しています。そのためプログラムを実行すると、それぞれ「4.0 + 0.5」「4.0 - 0.5」という計算が行われます。

Lesson 11

[代入演算子、インクリメント／デクリメント演算子]

さまざまな演算子を使って計算しましょう

**このレッスンの
ポイント**

計算に使われるのは算術演算子だけではありません。まず、式の結果を変数に入れる代入演算子があります。その他に、変数の値を1ずつ増減するインクリメント演算子とデクリメント演算子もよく使われます。

→ 代入演算子

変数の初期化、変数への値の代入は、= (イコール) を使いましたが、実はこの = は代入演算子です。代入演算子の右側 (右辺) に、算術演算子を使った式を記述することもできます。その場合、代入演算子の右側にある式が先に実行され、その演算結果が左側 (左辺) の変数に代入されます。代入演算子を含む式のことを代入式と呼びます。

▶ **式の計算結果を代入する例**

```
int num1 = 1 + 2;
```

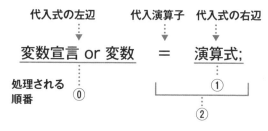

⓪ 変数宣言がされている場合、
  その変数の箱が用意されます。
① 演算式が行われます。→演算結果
② 右辺の演算結果が、左辺の変数に
  代入されます。

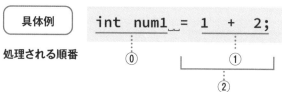

⓪ 変数宣言がされている場合、
  変数num1の箱が用意されます。
① 1＋2の演算が行われます。
  →演算結果 3
② 右辺の演算結果 (3) が、左辺の
  変数 (num1) に代入されます。

左辺と右辺に同じ変数を使った場合

代入式の右辺と左辺に同じ変数を使うこともできます。こちらも、右辺の式が先に実行され、その結果が左辺の変数に代入されます。まず、変数numには1が入っているので、1 + 1が実行され、その結果である2が変数numに再代入（上書き）されます。プログラムでは、変数の値を1ずつ増やしながら処理をすることが多くあるので、この書き方は覚えておくとよいでしょう。

▶ 再代入の例

```
int num = 1;
System.out.println(num);     // 1

num = num + 1; ・・・・・ 代入式の右辺と左辺に同じ変数（num）を使っている
System.out.println(num);     // 2
```

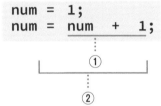

処理される順番

① 変数numに入っている値が取り出され、1 + 1 の演算が行われます。
→ 演算結果 2

2 演算結果

② 演算結果の 2 が変数num に代入されます。

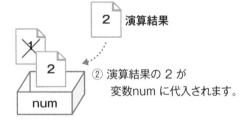

「num = num + 1」という式は、「=」を「等しい」という意味だと考えてしまうと、すごく不思議に感じると思います。これは「右辺の演算結果を左辺に入れる」という処理なので、左辺と右辺に同じ変数があっても問題ないのです。

➔ 複合的な代入演算子

代入演算子には、算術演算子を組み合わせた複合的な代入演算子もあります。これらは、右辺で演算された結果が左辺に代入されます。

この「複合的な代入演算子」を使った演算は、基本の代入演算子「=（半角のイコール）」を使った式でも記述できます。最初はそのほうがわかりやすいですが、慣れてくれば複合的な代入演算子のほうが楽です。

▶ 複合的な代入演算子

演算子	機能	使用例	同じ意味
+=	左辺に右辺で指定された値を加算して左辺に代入	num += 2;	num = num + 2;
-=	左辺に右辺で指定された値を減算して左辺に代入	num -= 2;	num = num - 2;
*=	左辺に右辺で指定された値を乗算して左辺に代入	num *= 2;	num = num * 2;
/=	左辺に右辺で指定された値を除算して左辺に代入	num /= 2;	num = num / 2;
%=	左辺に右辺で指定された値を除算して、余りを左辺に代入	num %= 2;	num = num % 2;

➔ インクリメント演算子／デクリメント演算子

プログラムでは、変数の値を1だけ増やしたり、1だけ減らす処理が、多く出てきます。変数の値を1だけ増やしたり、1だけ減らす処理を行いたい場合は、インクリメント演算子／デクリメント演算子を使うと、より短く記述できます。

▶ インクリメント演算子とデクリメント演算子

演算子	機能	使用例	同じ意味
++	インクリメント演算子	++num; num++;	num = num + 1; num += 1;
--	デクリメント演算子	--num; num--;	num = num - 1; num -= 1;

● 右辺の式の結果を左辺に代入してみよう

1 右辺の式の結果を左辺に代入する `NumberOperationSample3.java`

新たにNumberOperationSample3クラスを作成します。mainメソッドのブロック内でさまざまな型の変数を宣言し、それを表示してみましょう❶❷。

```
001 package_example;
002
003 public_class_NumberOperationSample3_{
004 ____public_static_void_main(String[]_args)_{
005 _____int_num1_=_1_+_2;          ❶ 変数num1への代入式を書く
006 _____System.out.println(num1);
007 _____int_num2_=_num1_*_2;       ❷ 変数num2への代入式を書く
008 _____System.out.println(num2);
009 ____}
010 }
```

🔴 問題 💻 コンソール ✕

<終了> NumberOperationSample3 [Java アプリケーション] C:¥pleiades-2019-03-
3
6 ┄┄┄ 「3」と「6」が表示されます。

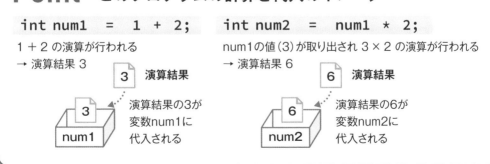

Point このプログラムの計算と代入のイメージ

`int num1 = 1 + 2;`

１＋２ の演算が行われる
→ 演算結果 3

3 演算結果

演算結果の3が
変数num1に
代入される

`int num2 = num1 * 2;`

num1の値（3）が取り出され ３×２ の演算が行われる
→ 演算結果 6

6 演算結果

演算結果の6が
変数num2に
代入される

Lesson

12

[異なる型の演算]

異なる型同士で演算してみましょう

**このレッスンの
ポイント**

ここまでは同じ型同士の演算のみを行ってきました。ここでは異なる型の数値で演算した場合、どういう結果になるのかを見ていきます。ルールを理解しておかないと、意図しない結果になることや、場合によってはコンパイル時に警告が出ることがあります。

➜ 同じ型同士の演算では結果も同じ型になる

算術演算子のLessonでは、int型同士の四則演算と、double型同士の四則演算を行いました。

同じ型同士の演算では、演算結果も同じ型になります。例えば、整数型（int型）と整数型（int型）の

足し算を行った場合は、演算結果も整数型（int型）になります。また、浮動小数点型（double型）と浮動小数点型（double型）の足し算を行った場合は、演算結果も浮動小数点型（double型）になります。

▶ 同じ型同士の演算

```
//_整数型（int型）と整数型（int型）の演算
System.out.println(1_+_1);          整数型（int型）同士なので結果も整数型（int型）になる
```

```
//_浮動小数点型（double型）と浮動小数点型（double型）の演算
System.out.println(1.0_+_1.0);      浮動小数点型（double型）同士なので演算結果も浮動
                                     小数点型（double型）になる
```

整数型の割り算には注意が必要

整数型（int型）同士の割り算を行う場合は、注意が必要です。整数型（int型）同士の演算は、演算結果も整数型（int型）となるため、割り切れない場合の小数は切り捨てられます。例えば、5を2で割ったときの演算結果は、2になります。2.5にはならないので注意しましょう。

▶ int型同士の割り算とdouble型同士の割り算は結果が異なる

```
//_整数型（int型）と整数型（int型）の割り算
System.out.println(5_/_2); ········ 小数が出る場合は切り捨てられるので結果は2
```

```
//_浮動小数点型（double型）と浮動小数点型（double型）の割り算
System.out.println(5.0_/_2.0); ··· 浮動小数点型（double型）同士の割り算なので結果は2.5
```

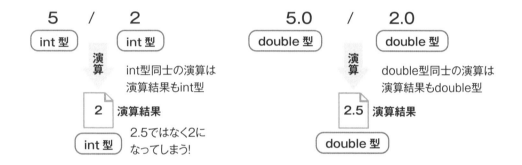

割り算の結果を小数も含めて求めたい場合は、割り算の演算自体を浮動小数点型（double型）で行う必要があります。

👍 ワンポイント String型やboolean型の算術演算はコンパイルエラーになる

数値型以外のboolean型や、String型を算術演算の式に含めるとコンパイルエラーになります。

異なる型同士の演算（算術演算の場合）

ここまでは、同じ型同士の演算について説明してきましたが、異なる型同士の演算を行うとどうなるのか、見ていきましょう。

異なる型同士の演算式は、精度が高いほうの型に変換され演算が行われます。演算結果も精度が高いほうの型になります。ここでいう「精度」とは、より広い範囲の数値を扱えるという意味です。です

から、小数点以下を扱えない整数型よりも、浮動小数点型のほうが精度が高いことになります。例えば、5.0（double型）を2（int型）で割る式を記述した場合、2（int型）は2.0（double型）に変換されてから、割り算が行われます。演算結果としては、5.0 ÷ 2.0 の結果である2.5を得ることができます。

▶ 異なる型同士の演算

```
//␣浮動小数点型（double型）と整数型（int型）の割り算
System.out.println(5.0␣/␣2.0);␣···double型 ÷ double型
System.out.println(5.0␣/␣2);␣·····double型 ÷ int型 : 2は2.0に変換されてから
                                              演算が行われる
System.out.println(5␣/␣2.0);␣·····int型 ÷ double型 : 5は5.0に変換されてから
                                             演算が行われる
```

5.0 / 2　異なる型同士の演算の場合、精度が高い型に合わせて、値が取り出される

double 型　　int 型

5.0 / 2.0　int型の2は、double型の2.0に拡張変換され、取り出される

演算　取り出された値の演算が行われる → double型 ÷ double型
double型同士の演算なので、演算結果もdouble型になる

2.5 演算結果

double 型

異なる型同士の演算は、精度が高い型に変換されて取り出され、演算が行われます。

異なる型同士の演算（代入の場合）

精度が低い型を精度が高い型に代入することができます。これは、代入演算の場合と同様、精度が低い型は精度が高い型に変換されてから代入されます。逆に、精度が高い型を精度が低い型に代入することはできません。このような記述をすると、精度が落ちてしまうことをコンパイルエラーで教えてくれます。

▶ 精度が落ちる場合はコンパイルエラーになる

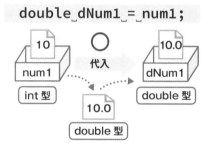

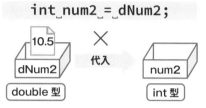

精度が落ちる型への代入はできない。コンパイルエラーになる。

```
int_num1_=_10;
double_dNum1_=_num1; ··· 変数num1に入っている10 (int型)は10.0 (double型)に
                          変換されてから代入される
```

```
double_dNum2_=_10.5;
int_num2_=_dNum2; ······· 精度が高い型を精度が低い型に代入できないのでコンパイルエラーになる
```

キャスト演算子で型を変換する

実際のプログラミングでは、int型の変数しかなくても、double型で割り算を行って小数点以下を求めたい場合があります。この場合は、強制的に型を変換するキャスト演算子を使います。キャスト演算子は、変数などの前に変換したい型を丸カッコで括って書きます。

▶ キャスト演算子の書式

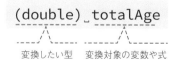

変換したい型　　変換対象の変数や式

▶ キャストの例

```
int_totalAge_=_97;
double_averageAge_=_(double)_totalAge_/_4;
       ······変数totalAgeをdouble型に変換してから計算
```

●キャストを利用して計算してみよう

4人の年齢を合計し、その平均値を求めます。年齢
の合計と人数はどちらも整数型です。しかし、結

果の平均値は浮動小数点型で求める必要があります。

1 キャスト演算子を使わずに計算する `NumberOperationSample4.java`

まずはキャスト演算子を使わない場合です。年齢の合計を人数で割る計算を行います❶

```
001  package_example;
002
003  public_class_NumberOperationSample4_{
004  ____public_static_void_main(String[]_args)_{
005  _____int_totalAge_=_23_+_24_+_25_+_25;_____//_メンバー全員の年齢の合計_:_97
006  _____int_members_=_4;_____//_メンバーの人数
007
008  _____double_averageAge_=_totalAge_/_members; ── 1  int型同士で計算される
009  _____System.out.println(averageAge);
010  ____}
011  }
```

```
    変数   コンソール ※
             ↑ ■ ✖ ✖  ↑ ↑ ↑ ↑ ↑ | ↑ | ↑ ↑ ▾
    <終了> NumberOperationSample4 [Java アプリケーション] C:¥pleiades-2019-03-
    24.0 ─────────────────────────── 「24.0」と表示されてしまいます。
```

Point キャスト演算子を使わない場合

totalAge / members の除算が行われますが、int型 / int型なので、演算はint型で行われます。そのため97 / 4の結果は24になります。変数averageAgeに代入される際にdouble型の24.0に変換されます。

2 キャスト演算子を使って計算する

今度はキャスト演算子を使い、int型変数の一方を浮動小数点型に変換してから演算します❶。

```
001  package_example;
002
003  public_class_NumberOperationSample4_{
004  ____public_static_void_main(String[]_args)_{
005  _____int_totalAge_=_23_+_24_+_25_+_25;____//_メンバー全員の年齢の合計_:_97
006  _____int_members_=_4;_____//_メンバーの人数
007
008  _____double_averageAge_=_totalAge_/_members;
009  _____System.out.println(averageAge);
010
011  _____double_averageAge2_=_(double)_totalAge_/_members;
012  _____System.out.println(averageAge2);
013  ____}
014  }
```

1 キャスト演算子を使って
double型に変換

■ 問題 □ コンソール ❎

<終了> NumberOperationSample4 [Java アプリケーション] C:¥pleiades-2019-03-
24.0
24.25

「24.0」と「24.25」が表示されます。

Point キャスト演算子を使った場合

変数 totalAge のキャスト演算が行われ、int型の 97 が double型の 97.0 になります。次に、double型に変換された 97.0 / members の除算が行われます。double型 / int型なので、演算は double型で行われます。演算結果は24.25 です。その演算結果が変数 averageAge2 に代入されます。

Lesson
13 ［文字列を使った演算］
2つの文字列を連結する方法について学びましょう

このレッスンの
ポイント

文字列のString型で四則演算を行うことはできませんが、「+（プラス）」演算子を使って連結することができます。数値と文字列の連結も可能なので、計算結果に単位などを加えて表示したい場合などによく使います。

⊙ 文字列の連結

文字列型に対して、「+（プラス）」を使うと文字列の連結が行えます。「+」の左右のどちらか一方が文字列型であれば、文字列の連結になります。他方が文字列型でない場合は、文字列型に変換され、連結されます。

▶ 数値の加算と文字列の連結

```
System.out.println(12_+_34); ······数値型同士の加算になるので46と表示される
```

```
System.out.println("12"_+_"34"); ··文字列型同士の連結になるので1234と表示される
```

▶ 文字列とそれ以外の型の連結

```
System.out.println(3_+_"匹"); ······3匹と表示される
```

▶ 数値の加算になるケースと文字列連結になるケース

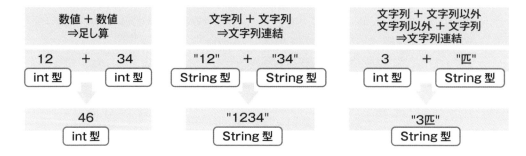

● 文字列と数値を連結してみよう

1 りんごの価格を表示する StringOperationSample1.java

StringOparationSample1クラスを作成します。int型
変数priceを宣言し、そこに100を代入します❶。文

字列と連結したメッセージを作成し❷、画面に表
示します❸。

```
001  package_example;
002
003  public_class_StringOperationSample1_{
004  ____public_static_void_main(String[]_args)_{
005  _____int_price_=_100;                        ──────  1  int型変数を宣言して初期化
006
007  _____String_message_=_"りんごの価格は"_+_price_+_"円";  ──  2  文字列と連結
008  _____System.out.println(message);            ──────  3  文字列を表示
009  ____}
010  }
```

```
●  変更  □ コンソール  ✕
         ⟳ ■ ✖ ✖ | ⬛ ⬛ ⬛ ⬛ ⬛ | ⬛ | ➡ □ ▾
<終了> StringOperationSample1 [Java アプリケーション] C:¥pleiades-2019-03-jav
りんごの価格は100円  ──────────────────────
```
「りんごの価格は100円」と表示されます。

文字列の連結と四則演算を組み合わせた式を書く
こともできます。その場合は、次のLessonで説明
する「演算子の優先順位」に注意する必要があります。

14
[演算子の優先順位]
1つの式で複数の演算を行う際の注意点を理解しましょう

このレッスンの
ポイント

「=」も「+」も「*」も演算子ですが、1つの式の中で使った場合、処理される順番が変わってきます。いくつもの演算子を使った式を使う場合は、「演算子の優先順位」と「評価の方向」に注意して書かなければいけません。

⊙ 演算子の優先順位

演算子ごとに優先度が決められています。1つの式に複数の演算子が使われている場合、優先度が高い演算子から先に処理されます。例えば、式に=（代入演算子）、+（足し算）、*（掛け算）の3つの演算子が使われている場合、この3つの演算子の優先度は、*が一番高く、次が+で、最も優先度が低いのは =です。そのため、掛け算、足し算、代入の順番で処理されます。

▶ 演算子の処理順

int number = 1 + 2 * 3; ············· 変数numberには、7が代入される

処理1．まず、掛け算が行われる：2 * 3 → 演算結果6

処理2．次に足し算が行われる： 1 +（処理1の演算結果）→ 1 + 6 → 演算結果7

処理3．最後に、代入が行われる：（処理2の演算結果）をnumberに代入 → numberに7が代入される

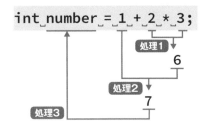

演算子の優先度を暗記する必要はありません。最低限、足し算や引き算（+、-）より、掛け算や割り算（*、/）のほうが優先度が高いことと、代入演算子は一番優先度が低いということは、覚えておきましょう。

▶ 主要な演算子の優先度一覧と評価の方向

演算子	優先度	評価の方向
++ -- （後置）	1	左から右
++ -- （前置）+ -~ ! （単項演算子）	2	右から左
* / %	3	左から右
+ - （算術演算子）	4	左から右
<< >> >>>	5	左から右
< > <= >= instanceof	6	左から右
== !=	7	左から右
&	8	左から右
^	9	左から右
|	10	左から右
&&	11	左から右
||	12	左から右
? :	13	左から右
= += -= *= /= %= &= ^= |= <<= >>= >>>=	14	右から左

この表には、今後のChapter で学習する演算子も含まれて います。

⊙ 優先度を変更する

丸カッコを使うと、優先度を変更することができま す。以下のように書くと、丸カッコ内の1 + 2が先に 演算されます。

▶ 優先順位の変更例

```
int number = (1 + 2) * 3; ………… // numberには、9が代入される
```

演算子の評価の方向

演算子ごとに、評価の方向が決められています。同じ優先度の演算が複数並ぶ場合、演算子の評価の方向に処理されます。演算子の評価の方向は、「主要な演算子一覧」の表にある通りです。代入演算子（複合的な代入演算子を含め）は右から左、それ以外の演算子は、左から右と覚えておけばよいでしょう。

▶ 演算子の評価の方向1

```
int_number_=_1_-_2_+_3_+_4;
```
処理1． 1-2が行われる → 演算結果 → -1
処理2．（処理1の演算結果）+ 3が行われる： -1 + 3 → 演算結果2
処理3．（処理2の演算結果）+ 4が行われる： 2 + 4 → 演算結果6
処理4．（処理3の演算結果）が変数numberに代入される → 変数numberに6が入る

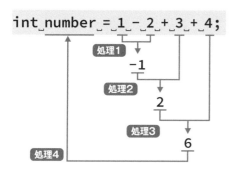

> 上記の例では、+（足し算）と-（引き算）の優先度は同じなので、この2つの演算は左から右に順番に行われます。

▶演算子の評価の方向2

```
int_a_=_1;
int_b_=_2;
int_c_=_3;
a_=_b_=_c_=_10;
// 代入演算子の評価の方向は、右から左。 ① c = 10; ② b = c; ③ a = b; の順で処理される
処理1. c = 10が行われる：演算結果 → cに10が入る
処理2. b = cが行われる：処理1の結果、cには10が入っているのでb = 10が行われる → bに10が入る
処理3. a = bが行われる：処理2の結果、bには10が入っているのでa = 10が行われる → aに10が入る
```

```
int_a_=_1;
int_b_=_2;
int_c_=_3;

a_=_b_=_c_=_10;
   処理3  処理2  処理1
```

上記の例では、1つの式に代入演算子が複数使われています。代入演算子の評価の方向は右から左なので、このように処理されます。

● 演算子の優先順位を確認しよう

前に作成したStringOperationSample1.javaを開いて みましょう。ここではString型、int型、String型の 連結が行われています。優先順位が同じなので、 左から順に処理されていきます。

```
001  package example;
002
003  public class StringOperationSample1 {
004      public static void main(String[] args) {
005          int price = 100;
006
007          String message = "りんごの価格は" + price + "円";
008          System.out.println(message);
009      }
010  }
```

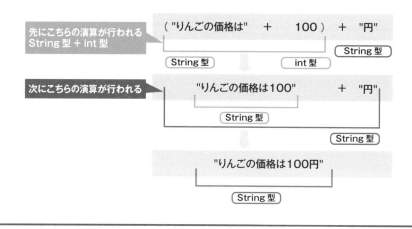

<終了> StringOperationSample1 [Java アプリケーション] C:¥pleiades-2019-03-jav
りんごの価格は100円 ―――――――――――――――――――――――――――――――――― 「りんごの価格は100円」と表示されます。

Point   このプログラムの演算のイメージ

先にこちらの演算が行われる
String 型 + int 型

("りんごの価格は"   +   100) + "円"
String 型   int 型   String 型

次にこちらの演算が行われる

"りんごの価格は100"   +   "円"
String 型   String 型

"りんごの価格は100円"
String 型

Chapter

3

条件分岐と
繰り返し

このChapterで学ぶのは制御構造です。制御構造には「順次」「分岐」「繰り返し」があり、条件分岐によって状況に応じて処理を切り替えたり、繰り返しによって短いプログラムで大量の処理をこなしたりすることができます。

Lesson 15

[3つの制御構造]

3つの制御構造について学びましょう

このレッスンの
ポイント

プログラムは「順序通り実行する」「繰り返し実行する」「条件に応じて実行する」の3つの制御構造を組み合わせて記述します。Javaでこの3つ制御構造をどのように書くのかをしっかり押さえましょう。フローチャートについても説明します。

→ 3つの制御構造とは

ここまでは、変数や演算子を使った文の書き方を学んできました。そこでは、複数の文があると、上から順々に実行されました。しかし場合によっては、「ある条件を満たす場合のみ、文を実行したい」、また、「同じ文を繰り返し実行したい」というケースが出てきます。このような場合は、制御構造に対応した文を使います。基本の制御構造には、順次と条件分岐と繰り返しの3つがあります。Chapter 2までの内容はすべて順次構造でした。このChapterでは、残りの2つの構造（条件分岐と繰り返し）を使ったプログラムの書き方について、学んでいきます。

▶ 基本制御構造のフローチャート

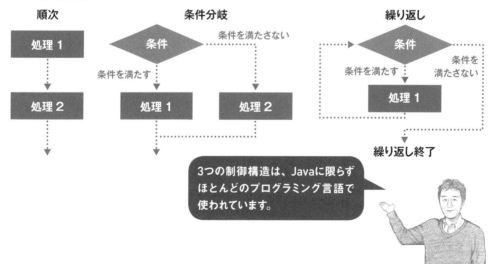

→ 条件分岐と繰り返し

条件分岐構造は、条件を満たす場合、もしくは条件を満たさない場合に何かの処理を行います。例えば、雨が降ったら自動的に傘を差すプログラムなどが考えられます。繰り返し構造は、同じ処理を繰り返し実行するような場合に使います。例えば同じ処理を100回書く代わりに、実行したい処理1セットと100回という繰り返し条件を指定するだけで済みます。

▶ 分岐と繰り返しのイメージ

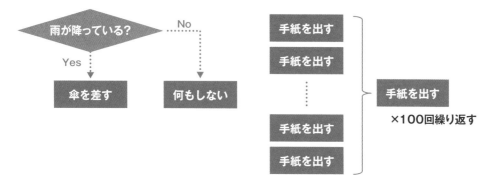

→ 制御構造を表すフローチャート

プログラムの処理の流れを「フローチャート」という図を使って表すことができます。標準仕様に沿ったフローチャートには細かなルールがいろいろあるのですが、ひとまず1つの処理は四角形で表す、条件分岐はひし形で表すという2点だけ覚えておけば大丈夫です。繰り返し処理は四角形とひし形の組み合わせで表現します。

> プログラムの流れがよくわからなくなったら、フローチャートを書いて整理してみましょう。プログラミングの習い始めの段階ではとても役立ちます。

Lesson 16

[関係演算子]

条件分岐に使用する演算子を学びましょう

このレッスンの
ポイント

ここでは、3つの制御構造の1つである条件分岐について学んでいきます。条件分岐に使用する条件は、「==」や「>」「<」などの関係演算子を使った条件式で表します。条件式はtrue（真）またはfalse（偽）という結果を返します。

→ 条件式と関係演算子

条件分岐を使うと、「この条件を満たす場合、この処理をしたい」をプログラミングできると説明しましたが、まずは、「この条件」に当たる条件の記述の仕方について、見ていきましょう。条件は、関係演算子を使った式で表すことができます。関係演算子

を使った演算の結果は、真偽型（boolean型）のtrueかfalseのどちらかの値になります。条件を満たす場合の演算結果はtrueとなり、満たさない場合の演算結果はfalseになります。

▶ 関係演算子を使った演算

number	>	5

変数numberに入っている
値が5より大きければ → true　false ← 変数numberに入っている
値が5以下であれば

算術演算子を使った計算式とは少し違って見えるかもしれませんが、条件式も「true」または「false」という演算結果を返します。

▶ 関係演算子の一覧

演算子	意味	使い方
==	左辺と右辺が等しいか調べる	number == 5
!=	左辺と右辺が異なるかを調べる	number != 5
>	左辺が右辺より大きいかを調べる	number > 5
<	左辺が右辺より小さいかを調べる	number < 5
>=	左辺が右辺以上かを調べる	number <= 5
<=	左辺が右辺以下かを調べる	number >= 5

number = 5; のように = (イコール) が1つの場合は、変数number に5を代入するという意味でしたが、number == 5; のように、= (イコール) を2つ重ねた場合は、「等しいか」を調べる関係演算子となります。

→ trueとfalseはboolean型

関係演算子による演算結果は、trueまたはfalseのどちらかになり、この2つの値をまとめてboolean型といいます。boolean型はintやdoubleと同じくデータ型の一種です。条件式はboolean型の結果を返すものであれば何でもよいので、関係演算子の結果を返す代わりに、boolean型を返すメソッドやboolean型の変数を使うこともできます。

日本語でtrueを「真」、falseを「偽」と書くこともあります。

👍 ワンポイント 否定(Not演算)の!演算子

boolean型の前に!を付けると否定を表わします。例えば「!a」とした場合、aの値がtrueであればfalseに、falseであればtrueになります。「!(number == 5)」のように演算結果がboolean型になる式に使うこともできます。これは「number != 5」と同じ意味ですが、何かの事情で!=を使った式が使えず、真偽を逆転する必要が出たときなどに使用します。

●関係演算子を使った例（数値型を使った演算）

1 プロジェクトを作成する

まずはChapter 3の学習用に新しいプロジェクトを作成します。プロジェクト名はChapter3とします。次にクラスを作成します。パッケージ名はexample、ク

ラス名はComparisonSampleとします。プロジェクトおよびクラスの作成方法はChapter 2の31〜33ページを参照してください。

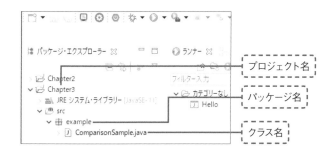

2 関係演算子による演算結果を出力する `ComparisonSample.java`

int型の変数numberを宣言して5を代入します❶。関係演算子を使って変数numberと10が等しいか調

べた結果を出力します❷。同様にその他の関係演算子を使って調べた結果を出力します❸。

```
001  package example;
002
003  public class ComparisonSample {
004      public static void main(String[] args) {
005          int number = 5;
006          System.out.println(number == 10);
007          System.out.println(number != 10);
008          System.out.println(number > 10);
009          System.out.println(number < 10);
010          System.out.println(number >= 10);
011          System.out.println(number <= 10);
012      }
013  }
```

1 変数numberに5を代入

2 関係演算子 == を使った演算結果を表示

3 その他の関係演算子を使った演算結果を表示

```
false
true
false
true
false
true
```

各演算子による演算結果が表示されます。

3 変数numberの値を変えて結果を確認する

次に変数numberに代入する値を変更してみます。 変数numberに10を代入するようにコードを変更しま

す❶。プログラムを実行し、出力結果を確認してください。手順2とは結果が変わっているはずです。

```
001  package_example;
002
003  public_class_ComparisonSample_{
004  ____public_static_void_main(String[]_args)_{
005  _____int_number_=_10;
006  _____System.out.println(number_==_10);
007  _____System.out.println(number_!=_10);
008  _____System.out.println(number_>_10);
009  _____System.out.println(number_<_10);
010  _____System.out.println(number_>=_10);
011  _____System.out.println(number_<=_10);
012  ____}
013  }
```

1 変数numberに10を代入

```
true
false
false
false
true
true
```

変数numberの値が変わったため、演算結果も変わります。

👆 ワンポイント 真偽値を関係演算子で比較する

関係演算子は数値型以外も比較することができます。真偽値を比較する場合、以下のように == 、!= を使って比較することができます。た だし、trueやfalseに大きいも小さいもないので、>、<、>=、= を使うとコンパイルエラーとなります。

▶ 関係演算子を使った例（真偽型を使った演算）

```
……前略……
_____boolean_result_=_true;
_____System.out.println(result_==_false);……… false
_____System.out.println(result_!=_false);……… true
_____System.out.println(result_>_false);……… コンパイルエラー
_____System.out.println(result_<_false);……… コンパイルエラー
_____System.out.println(result_>=_false);……… コンパイルエラー
_____System.out.println(result_<=_false);……… コンパイルエラー
……後略……
```

```
ComparisonSample.java
 1   package example;
 2
 3   public class ComparisonSample {
 4-      public static void main(String[] args) {
 5         boolean result = true;
 6         System.out.println(result == false);
 7         System.out.println(result != false);
 8         System.out.println(result > false);
         演算子 > は引数の型 boolean, boolean で未定義です
 9         System.out.println(result < false);
10         System.out.println(result >= false);
11         System.out.println(result <= false);
12      }
13   }
14
```

エラーが表示されます。

Lesson 17 ［複合条件と論理演算子］
複合条件と論理演算子について学びましょう

**このレッスンの
ポイント**

複数の条件で組み合わせた条件のことを「複合条件」といいます。複合条件を表すことができる「論理演算子」の使い方について学びましょう。論理演算子も関係演算子と同じく、trueまたはfalseの真偽型の結果を返します。

→ 複合条件と論理演算子

1つの条件を満たすかどうかを調べたい場合は、先に説明した関係演算子を使えばよいのですが、条件が複数ある場合があります。

例えば、「条件Aを満たし、かつ、条件Bも満たす」や、「条件Aを満たす、または、条件Bを満たす（条件AとBのどちらかを満たしていればOK）」のように、複数の条件を組み合わせたい場合などです。その場合は、以下の論理演算子を使います。

▶ 論理演算子を使った演算

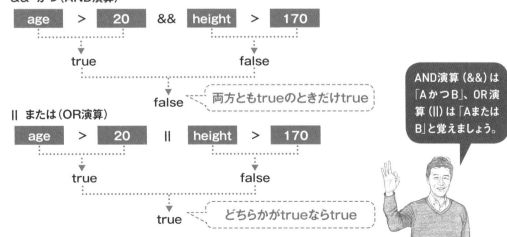

```
int age = 24;
double height = 168;
```

&& かつ（AND演算）

| age | > | 20 | && | height | > | 170 |

true　　　　　　　　　　false

false ⤙ 両方ともtrueのときだけtrue

AND演算（&&）は「AかつB」、OR演算（||）は「AまたはB」と覚えましょう。

|| または（OR演算）

| age | > | 20 | || | height | > | 170 |

true　　　　　　　　　　false

true ⤙ どちらかがtrueならtrue

● 論理演算子を使った例

1 論理演算子による比較結果を出力する `LogicalOperationSample.java`

論理演算子を使って2つの条件、ここでは年齢と身長が条件を満たしているか調べるプログラムを作ってみましょう。まず年齢と身長をそれぞれ変数に代入します❶。そして論理演算子による演算を行います❷ ❸。

```
001  package example;
002
003  public class LogicalOperationSample {
004      public static void main(String[] args) {
005          // 論理演算子を使ってみる
006          int age = 24;
007          double height = 168;
008
009          // 年齢が20歳より上で、「かつ」、身長が170cmを超えているか
010          System.out.println(age > 20 && height > 170);
011
012          // 年齢が20歳より上、「または」、身長が170cmを超えているか
013          System.out.println(age > 20 || height > 170);
014      }
015  }
```

1 変数ageに24を、変数heightに168を代入

2 falseを表示

3 trueを表示

```
<終了> LogicalOperationSample [Java アプリケーション] C:¥pleiades-2019-03-java-win-64bit-jre_2
false
true
```

falseが表示されます。

trueが表示されます。

Point このプログラムの流れ

まずは年齢が20歳より上で、「かつ」、身長が170cmを超えているかを調べます。age > 20はtrueですが、height > 170はfalseです。&&（AND演算）は、どちらかがfalseであれば、演算結果はfalseになります。次に年齢が20歳以上、「または」、身長が170cmを超えているかを調べます。||（OR演算）は、どちらかがtrueであれば、演算結果はtrueになります。

Chapter 3 / 条件分岐と繰り返し

086

Lesson 18 ［条件分岐：if文］

if文で処理を分岐させてみましょう

このレッスンの
ポイント

前のLessonでは、論理演算子を使った、条件式の書き方について説明しました。これにif文を組み合わせると、条件を満たしたときに実行する処理を記述することができます。ここから数Lessonかけてif文の使い方を学びましょう。

→ if文の使い方

if文を使うと、「ある条件（条件式）を満たすときのみ、処理を行う」ように記述できます。if文の丸カッコ内に条件式を記述します。すでに説明したように、関係演算子や論理演算子を使って、演算結果が真偽型（boolean型）になる式です。if文のブロック内（{ }

で括られた中）に、条件を満たすとき（条件式がtrueの場合）に実行する処理を記述します。if文の条件式がfalseの場合は、if文のブロック内に記述した処理は行われません。

▶ if文の書式

条件式　　　　　if文のブロックの始まり

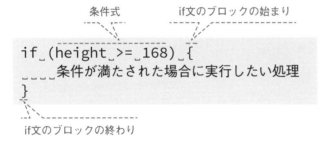

```
if (height >= 168) {
    条件が満たされた場合に実行したい処理
}
```

if文のブロックの終わり

条件式だけではtrueかfalseという値が返されるだけですが、if文を組み合わせることで条件に応じた処理を行えます。

● if文を使った例

1 if文による条件分岐を行う `IfSample.java`

身長によって条件分岐を行うプログラムを作成して みましょう。クラスを新規作成し、以下のプログラ ムを入力します。まずは3つの変数に名前、年齢、 身長をそれぞれ代入します❶。

次にif文による条件分岐を行います❷。if文のブロ ック内での処理を行います❸。
最後にif文のブロック外での処理を行います❹。

```
001  package_example;
002
003  public_class_IfSample_{
004  ____public_static_void_main(String[]_args)_{
005  _____String_name_=_"太郎";          1  変数に値を代入
006  _____int_age_=_24;
007  _____double_height_=_173;
008
009  _____//_身長が168cm以上の場合のみ、身長を表示する   2  身長が168cm以上の場合のみ
010  _____if_(height_>=_168)_{              ブロック内の処理を実行
011  _____System.out.println(name_+_"の身長は"_+_height_+_"cmです。");
012  _____}                             3  身長を表示
013  _____System.out.println(name_+_"は"_+_age_+_"歳です。");
014  ____}                                 4  名前と年齢を表示
015  }
```

コンソール表示:

```
<終了> IfSample [Java アプリケーション] C:¥pleiades¥2019-03-java-win-64bit-jre_20190508¥pleiade
太郎の身長は173.0cmです。
太郎は24歳です。
```

if文のブロック内にある、身長を表示する 処理の実行結果です。

if文のブロック外にある、名前と年齢を表 示する処理の実行結果です。

if文のブロックの外に書いた「名前と年齢を出力する処理」は、 条件式の結果がtrueのときもfalseのときも実行されます。

2 | 身長を変えて実行した出力結果を確認する

次に身長の値を変えて実行してみましょう。身長を ： グラムを実行し結果を確認してください。
表す変数heightに代入する値を変更します❶。プロ

```
      ……前略……
005 _____String_name_=_"太郎";
006 _____int_age_=_24;
007 _____double_height_=_165; ────  1  heightに代入する値を165に変更
008
009 _____//_身長が168cm以上の場合のみ、身長を表示する
010 _____if_(height_>=_168)_{
011 _____System.out.println(name_+_"の身長は"_+_height_+_"cmです。");
012 _____}
013 _____System.out.println(name_+_"は"_+_age_+_"歳です。");
      ……後略……
```

```
* 零落 □ コンソール ✕                                      ─ □
                                                      🗙 🗙 | ...
<終了> IfSample [Java アプリケーション] C:¥pleiades-2019-03-java-win-64bit-jre_20190508¥pleiade
太郎は24歳です。
```

if文のブロック外にある、名前と年齢を表示する処理の実行結果です。

if文のブロック内にある、身長を表示する処理は実行されません。

Point このプログラムの流れ

今回、変数heightには165を代入しました。したがって、条件式 (height >= 168) の演算結果はfalseになります。

手順1のif文では、条件式がtrueであったため、ブロック内に入りましたが、今度はfalseなの

で、ブロック内の処理は実行されず、その下の処理に遷移します。

つまり、身長は表示されず、名前と年齢だけが表示されます。

Lesson

19

[条件分岐：if～else文、if～else if文]

if～else文で条件を満たさないときの処理を実行しましょう

このレッスンの
ポイント

if文には2つのバリエーションがあります。条件を満たさないときにも何かの処理を実行したい場合は、if～else文を使います。また、条件を満たさないときにさらに条件分岐を行いたい場合は、if～else if文を使います。

→ if～else文

if文では、条件（条件式）を満たすときのみ処理が行われ、その条件を満たさない場合は、何も処理されずif文のブロックのあとにある処理に遷移しました。条件を満たさない場合に別の処理を行いたい場合は、if～else文を使います。if文のブロック（{}

で括られた部分）のあとに、else文のブロックを書きます。ifのあとには、丸カッコの中に条件式を書きましたが、elseのあとは丸カッコで括られた条件式を書かずにブロックのみを書きます。

▶ if～else文の書式

条件式

if文のブロック

```
if_(height_>_170)_{
_ _ _ _条件が満たされた場合に実行したい処理
}_else_{
_ _ _ _条件を満たさない場合に実行したい処理
}
```

else文のブロック

else文は必ずif文とセットで使います。else文だけを書くと、コンパイルエラーになります。

if〜else if文

if〜else if文は多段階の分岐を行いたいときに使います。「条件Aを満たす場合は処理①を実行」「条件Bを満たす場合は処理②を実行」「どちらの条件も満たさない場合は処理③を行う」という具合に多段階で分岐する場合です。else文と異なり、else if文はif文同様の条件式を記述します。else if文は複数組み合わせることもでき、最後にelse文を記述することも可能です。

▶ if〜else if文の書式

```
if_(条件式A)_{
____処理①;
}_else_if_(条件式B)_{
____処理②;
}_else_{
____処理③;
}
```

▶ if〜else文のフローチャート

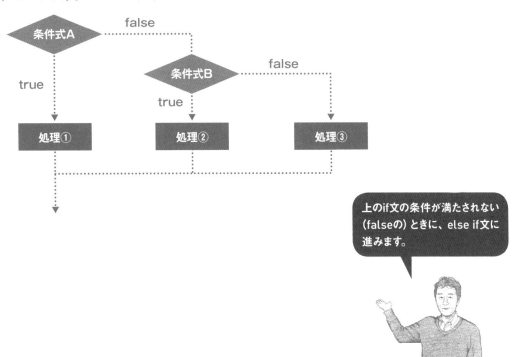

上のif文の条件が満たされない（falseの）ときに、else if文に進みます。

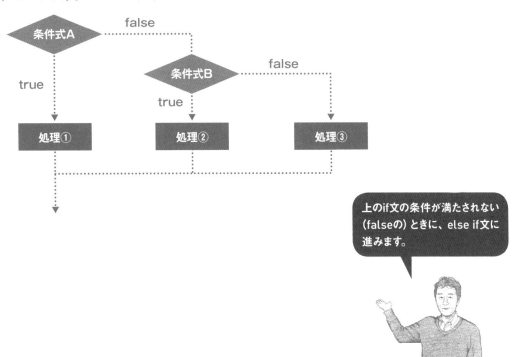

● if〜else文を使った例

1 身長の高さによって条件分岐する　IfElseSample.java

このプログラムでは、身長の高さによって2通りの出力をします。身長が170より大きい場合、「(名前)の身長は170cmを超えています。」と表示します。そうではない場合は、「(名前)の身長は170cmを超えていません。」と表示します。まず、変数に名前と身長を代入します❶。次にif文を書きます❷ ❸。続けてelse文のブロック内にif文の条件式がfalseの場合の処理を書きます❹。最後にif〜else文のあとに実行する処理を書きます❺。

```
001  package example;
002
003  public class IfElseSample {
004      public static void main(String[] args) {
005          String name = "太郎";                     1 名前と身長を代入
006          double height = 173;
007
008          if (height > 170) {                        2 if文を記述    3 trueの場合の処理
009              System.out.println(name + "の身長は170cmを超えています。");
010          } else {
011              System.out.println(name + "の身長は170cmを超えていません。");
012          }
                                                         4 falseの場合の処理
013
014      System.out.println(name + "の身長は" + height + "cmです。");
015      }
                                                         5 身長の値にかかわら
016  }                                                    ず実行する処理
```

```
問題 コンソール ☒

<終了> IfElseSample [Java アプリケーション] C:\pleiades-2019-03-java-win-64bit-jre_20190508\ple
太郎の身長は170cmを超えています。
太郎の身長は173.0cmです。
```

「太郎の身長は170cmを超えています。」が表示されます。

「太郎の身長は173.0cmです。」が表示されます。

Point このプログラムの流れ

if文の条件式の演算結果がtrueなのでif文の
ブロック内の処理が実行され、「太郎の身長
は170cmを超えています。」が表示されます。
if文の条件式の結果はtrueなので、elseブロ
ック内の処理は実行されません。最後にif
～else文のブロック外の処理が実行され、
「太郎の身長は173.0cmです。」が表示されま
す。

● if～else if文を使った例

1 猛暑日・真夏日・夏日かどうかを判定する

今回は、設定された最高気温によって、猛暑日・
真夏日・夏日かどうかを判定するプログラムを作り
ます。最高気温と表示する文字列の対応は以下の
表の通りとします。

▶ プログラムで使用する条件

最高気温	表示する文字列
最高気温 >= 35度	今日は猛暑日です。
35度 > 最高気温 >= 30度	今日は真夏日です。
30度 > 最高気温 >= 25度	今日は夏日です。
25度 > 最高気温	今日は猛暑日・真夏日・夏日ではありません。

2 | if～else文で1つ目の条件分岐を行う IfElseIfSample.java

少し複雑になるので2回に分けて入力していきましょう。まずは先ほど学習したif～else文を使って猛暑日であるかの判定を行います。最初に今日の最高気温を変数に代入します❶。次にif～else文で条件分岐を行います❷❸❹。

```
001  package_example;
002
003  public_class_IfElseIfSample_{
004  ____public_static_void_main(String[]_args)_{
005  _____int_maxTemperature_=_35;            1  変数maxTemperatureに35を代入
006
007  _____if_(maxTemperature_>=_35)_{         2  変数maxTemperatureが35以上であるかを判定
008  _____System.out.println("今日は猛暑日です。");
009  _____}_else_{                            3  trueの場合は「今日は猛暑日です。」を表示
010  _____System.out.println("今日は猛暑日ではありません。");
011  _____}                                   4  falseの場合は「今日は猛暑日では
012  ____}                                          ありません。」を表示
013  }
```

「今日は猛暑日です。」が表示されます。

<終了> IfElseIfSample [Java アプリケーション] C:¥pleiades-2019-03-java-win-64bit-jre_20190508¥pl
今日は猛暑日です。

3 if〜else if文で条件分岐を追加する

手順1のプログラムに、真夏日・夏日を判定するための条件分岐を追加します。

まず、最高気温を表す変数maxTemperatureに代入する値を28に変更します❶。if文のブロックのあとに、else if文を追加します❷❸。さらに、else if文をもう1つ記述します❹❺。最後に、elseブロックで出力する文字列を修正しておきましょう❻。

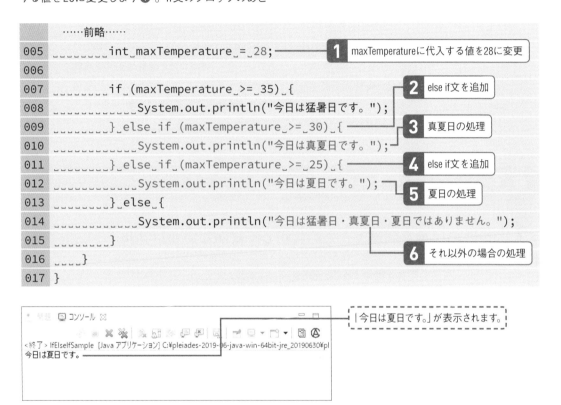

```
      ……前略……
005   _____int_maxTemperature_=_28;        ── 1  maxTemperatureに代入する値を28に変更
006
007   _____if_(maxTemperature_>=_35)_{      ── 2  else if文を追加
008   _____System.out.println("今日は猛暑日です。");
009   _____}_else_if_(maxTemperature_>=_30)_{  ── 3  真夏日の処理
010   _____System.out.println("今日は真夏日です。");
011   _____}_else_if_(maxTemperature_>=_25)_{  ── 4  else if文を追加
012   _____System.out.println("今日は夏日です。");  ── 5  夏日の処理
013   _____}_else_{
014   _____System.out.println("今日は猛暑日・真夏日・夏日ではありません。");
015   _____}                                ── 6  それ以外の場合の処理
016   ____}
017   }
```

「今日は夏日です。」が表示されます。

```
      コンソール ☒
<終了> IfElseIfSample [Java アプリケーション] C:¥pleiades-2019-06-java-win-64bit-jre_20190630¥pl
今日は夏日です。
```

変数maxTemperatureに代入する値を変えて、正しく判定されるか確認してみましょう。

NEXT PAGE ➜

Point　if 〜 else if文を作るときのポイント

このプログラムでは、最高気温に対し、猛暑日、真夏日、夏日の順に基準を満たすか判定しています。最高気温が35度以上の場合は、最初のif文のブロック（猛暑日）に入ります。そうではなく、かつ最高気温が30度以上の場合は、次にあるelse if文のブロック（真夏日）に入ります。真夏日の条件は、30度以上35度未満なので、条件式で表すと、「maxTemperature < 35 && maxTemperalure >= 30」になります。しかし35度以上の場合は上のif文のブロックに入るため、このelse if文の条件式が実行されるのは、35度未満のときだけです。よって、35度未満であるかの判定は、このelse if文に含める必要がなく、「maxTemperature >= 30」と記述すればいいのです。if 〜 else if文で複数の条件を連続して判定する場合には、前の条件との関係を考えて条件式を書くようにしましょう。

● if〜else if文の条件の評価される順番

1　条件の順番を間違えたために正しく動かないサンプル

if〜else if文では、複数の条件を指定することができますが、上から順番に評価されます。例えば、上記のサンプルで、最初のif文の条件式を maxTemperature >= 30 としてしまうと❶、最高気温が30度以上35度未満の場合だけではなく、35度以上の場合も、条件を満たすため、最初のif文に入ってしまいます。同じようなプログラムに見えますが、次のようにif〜else if文の条件の順番を変えると、真夏日・猛暑日の判定ができなくなってしまいますので、注意しましょう。

```
      ……前略……
005 _____int_maxTemperature_=_35;     1   30度以上35度未満の場合も、35度以上の場合も、
006                                          条件を満たす
007 _____if_(maxTemperature_>=_30)_{
008 _____System.out.println("今日は真夏日です。");
009 _____}_else_if_(maxTemperature_>=_25)_{
010 _____System.out.println("今日は夏日です。");
011 _____}_else_if_(maxTemperature_>=_35)_{
012 _____System.out.println("今日は猛暑日です。");
013 _____}_else_{
014 _____System.out.println("今日は猛暑日・真夏日・夏日ではありません。");
015 _____}
016 ____}
017 }
```

コンソール 🗙

「今日は真夏日です。」が表示されます。

```
<終了> IfElseIfSample [Java アプリケーション] C:¥pleiades-2019-03-java-win-64bit-jre_20190508¥pl
今日は真夏日です。
```

Point 条件の順番に注意

変数maxTemperatureは35度なので、猛暑日と表示してほしいところが、上記のプログラムでは、真夏日と表示されてしまいます。if ～else if文では、どの条件式から判断するか、順番により動作が変わってしまうので、注意しましょう。

今回の例では、条件式を気温が高い順に並べて書かないと意図通りの結果になりません。

20

[ブロックと変数のスコープ]

ブロックと変数のスコープを
理解しましょう

このレッスンの
ポイント

変数は、宣言したブロック内でしか使えないという決まりがあり、変数の有効範囲のことを「スコープ」と呼びます。クラス、メソッド、if文などでブロックを使いましたが、それぞれのブロックが変数のスコープとなります。

→ ブロックと変数のスコープ

今まで変数の宣言は、mainメソッドのブロック内で行ってきましたが、if文やif～else文などのブロックの中で変数を宣言することもできます。ただし、if文やif～else文などのブロックの中で変数を宣言し

た場合、そのブロック内が変数の有効範囲となるので気を付けましょう。変数の有効範囲のことを変数のスコープと呼びます。

▶ スコープ外で変数を使おうとしてエラーになる例

```
public static void main(String[] args) {
    int number1 = 10;
    if (number1 > 0) {
        int number2 = number1 * 10;
        System.out.println("number1=" + number1);
        System.out.println("number2=" + number2);
    }
    System.out.println("number1=" + number1);
    System.out.println("number2=" + number2);
}
```

変数number1の
スコープ

変数number2の
スコープ

○

変数を宣言したブロック内がスコープとなります。スコープから外れた場所でその変数を使うことはできません。

×

変数number2をスコープ外で
使っているためコンパイルエラーになる

▶ スコープ外から変数を参照した場合のコンパイルエラー

```
ScopeSample.java ⊠
 1    package example;
 2
 3    public class ScopeSample {
 4-       public static void main(String[] args) {
 5           int number1 = 10;
 6           if(number1 > 0){
 7               int number2 = number1 * 10;
 8               System.out.println("number1=" + number1);
 9               System.out.println("number2=" + number2);
10           }
11           System.out.println("number1=" + number1);
12    number2 を変数に解決できません number2=" + number2);
13       }
14    }
15
```

「変数に解決できません」
と表示されます。

▶ 正しく変数のスコープ内から変数を参照している例

```
public static void main(String[] args) {

    int number1= 10;

    int number2 = 0;

    if (number1 > 0) {

        number2 = number1* 10;

        System.out.println("number1=" + number1);

        System.out.println("number2=" + number2);

    }
    System.out.println("number1=" + number1);

    System.out.println("number2=" + number2);

}
```

今度は変数number2をmainメソッドの
ブロック内で宣言しているので、コンパ
イルエラーにはなりません。

[繰り返し処理：for文]

for文で指定した回数だけ繰り返しましょう

このレッスンの
ポイント

条件分岐の次は繰り返し処理に挑戦しましょう。繰り返し処理の文にはいくつか種類があり、中でも代表的なものがfor文です。for文は、「100回繰り返す」「1000回繰り返す」といった、「回数」という条件が決まった繰り返しに向いています。

→ 繰り返しの制御構造を使うメリット

プログラムにおいて、同じ処理を繰り返し実行することは非常によくあります。しかし、これまで解説した制御構造だけでは、5回同じ処理を行いたい場合、同じ処理を5回書くしかありません。5回ならまだしも、同じ処理を100回、1000回繰り返すとなると大変なことになってしまいます。

繰り返しの制御構造を使うと、複数回の繰り返し処理を少ない行数で、もっと楽に書くことができます。

▶ 同じ処理を5回書いた場合と繰り返しの制御構造を使った場合の比較

```
package example;

public class NotForLoopSample {
  public static void main(String[] args) {
    System.out.println("お腹がすいた!");
    System.out.println("お腹がすいた!");
    System.out.println("お腹がすいた!");
    System.out.println("お腹がすいた!");
    System.out.println("お腹がすいた!");
  }
}
```

```
package example;

public class ForLoopSample {
  public static void main(String[] args) {
    for (int count = 0; count < 5; ++count) {
      System.out.println("お腹がすいた!");
    }
  }
}
```

この2つのプログラムの出力結果はどちらも同じですが、繰り返しを使ったほうがシンプルです。

指定した回数繰り返すfor文

ここでは繰り返しの制御構造であるfor文を学習します。for文は、丸カッコの中に「; (セミコロン)」で区切って3つの式を書きます。1つ目は初期値設定の式です。変数に初期値を設定します。この式は最初に1回だけ実行されます。2つ目は繰り返し条件の設定です。毎回、条件の判定を行い、条件を満たす間、ブロックの中の処理が実行されます。3つ目は繰り返しごとの後処理を設定します。多くの場合ここでは繰り返し回数をカウントする変数の値を増減させます。

▶ for文の書式

```
　　　　　繰り返し前の初期処理　　　　繰り返し条件　　　繰り返しごとの後処理

for_(int_count_=_0;_count_<_5;_++count)_{
____繰り返し行いたい処理;
}
```

▶ for文のフローチャート

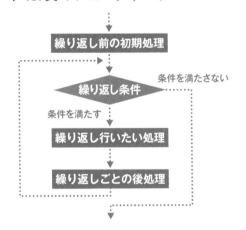

繰り返し前の初期処理

繰り返し条件　　　条件を満たさない

条件を満たす

繰り返し行いたい処理

繰り返しごとの後処理

> for文を最初に見たときは複雑に感じますが、式の書き方はだいたい決まっているので、覚えるのはそれほど難しくありません。

● for文を使って繰り返し処理を行う

1 同じ処理を5回繰り返す `ForLoopSample.java`

それではfor文を使って同じ処理を5回繰り返してみましょう。初期値設定の式を設定します❶。次に、繰り返し条件を設定します❷。次に繰り返しごと

の後処理を設定します❸。そして、for文のブロック内の処理を実行します❹。

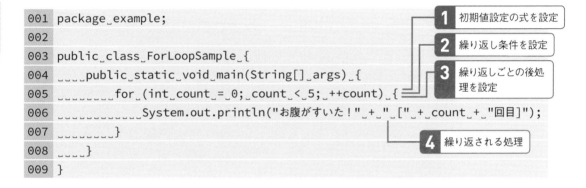

```
001  package example;
002
003  public class ForLoopSample {
004      public static void main(String[] args) {
005          for (int count = 0; count < 5; ++count) {
006              System.out.println("お腹がすいた！" + " " + "[" + count + "回目]");
007          }
008      }
009  }
```

1 初期値設定の式を設定

2 繰り返し条件を設定

3 繰り返しごとの後処理を設定

4 繰り返される処理

```
<終了> ForLoopSample [Java アプリケーション] C:¥pleiades-2019-03-java-win-64bit-jre_20190508¥
お腹がすいた！ [0回目]
お腹がすいた！ [1回目]
お腹がすいた！ [2回目]
お腹がすいた！ [3回目]
お腹がすいた！ [4回目]
```

for文で処理を繰り返したために文字列が5回出力されます。
「n回目」の数値は、繰り返しごとの後処理で加算される変数countの値が出力されます。

プログラムを実行し、実行結果から、for文の処理の遷移を確認しましょう。

Point このプログラムの流れ

for文を使ったこのプログラムは下の図のように
動作します。6回目の繰り返しで、変数countの
値は5になっています。このとき、count < 5は
falseになるので、for文から抜けます。

❶変数countを0で
初期化

❷count < 5 がtrueなら❸以降を実行

❺再び繰り返しを行うか判定。
以後、❷〜❹を繰り返す

```
for (int count = 0; count < 5; ++count) {
    System.out.println("お腹がすいた!" + " [" + count + "回目]");
}
```

❸ブロック内の処理を実行

❹変数countに1加算する

👍 ワンポイント for文の繰り返し回数に使う変数のスコープ

for文の初期値の設定で宣言した変数（count）の
スコープは、for文の中になります。for文を抜け
たあと、その変数（count）を使うことはできま
せん。下の例のように、繰り返し回数に使う変
数（count2）をfor文のブロックの前で宣言して
おき、for文の初期処理では、すでに宣言されて
いる変数（count2）を利用します。for文のブロ
ックの外側で宣言した変数（count2）は、for文
を抜けたあとも使うことができます。

```
int_count2;……… for文が始まる前で、変数（count2）を宣言
for_(count2 = 0;_count2_<_5;_++count2)_{…… 初期処理は変数宣言はせず初
期値の代入のみ
____System.out.println("お腹がすいた！"_+_"_["_+_count2_+_"回目]");
}……count2は、for文を抜けたあとも使うことができる
System.out.println("count2の値："_+_count2);… 5が表示される
```

2 1から10までの数の和を求める `ForLoopSample2.java`

次のサンプルは、1から10までの数の和を求めるプ
ログラムです。このプログラムではfor文を使って足
し算を繰り返しています。for文に入る前に、int型の
変数sumに0を代入します❶。この変数には、for文

のブロック内で行う足し算の和を入れます。for文の
初期値設定の式で変数numに1を設定し、後処理
で1ずつ加算するようにします❷。for文のブロック
内でsumにsumとnumの和を代入します❸。

```
001  package example;
002
003  public class ForLoopSample2 {
004      public static void main(String[] args) {
005          int sum = 0;                              ── 1 足した和(1+・・・)を入れる変数
006
007          for (int num = 1; num <= 10; ++num) {    ── 2 for文の初期値設定などを設定
008              sum = sum + num;                      ── 3 sumにsumとnumの和を代入
009          }
010          System.out.println("1から10までの数の和は" + sum + "です。");
011      }
012  }
```

問題 コンソール
<終了> ForLoopSample2 [Java アプリケーション] C:¥pleiades¥java¥11¥bin¥javaw.exe (2020/09/07 21
1から10までの数の和は55です。

┄ 1から10までの和が表示されます。

> このプログラムを実行すると、「1+2+
> 3+4+5+6+7+8+9+10」という計算が
> 行われます。本当に55になるか検算
> してみましょう。

Lesson 22

while文で条件を満たす間
繰り返しましょう

**このレッスンの
ポイント**

回数以外の条件で繰り返す場合は、while文を使います。for文より
も書き方がシンプルです。ただし、変数の初期化や増減が必要となる
場合は、それらをまとめて書けるfor文のほうがよいときもあります。
状況に応じて使い分けましょう。

→ 条件を満たす間繰り返す while文

繰り返す回数が決まっている場合は、for文を使う
と便利ですが、回数が決まっていない場合は、
while文を使います。while文は最初に繰り返し条件

を判定し、条件を満たす場合はブロック内の処理
を実行します。条件を満たさない場合は繰り返しを
終了します。

▶ while文の書式

繰り返し条件

```
while␣(sum␣<␣100)␣{
␣␣␣␣繰り返したい処理；
}
```

▶ while文のフローチャート

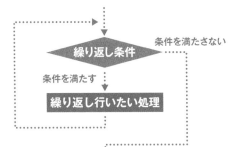

条件を満たさない

繰り返し条件

条件を満たす

繰り返し行いたい処理

while文は「終了ボタンが押さ
れるまでプログラムを繰り返す」
「ファイルの最後に到達する
まで1行ずつ読み込む」といった
繰り返し処理で使われます。

👆 ワンポイント 条件を満たす間繰り返す（後判定）do while文

while文やfor文は、先に繰り返すかを判断してから、ブロック内の繰り返し処理を行うため、条件によっては1度も処理が実行されないこともあります。最低でも1回は実行したい場合は、繰り返したい処理を行ってから、繰り返しを続けるかを判定する、do while文を使います。

▶ do while文の書式

```
do␣{
␣␣␣␣繰り返したい処理;
}␣while␣(sum␣<␣100)
```

繰り返し条件

▶ do while文のフローチャート

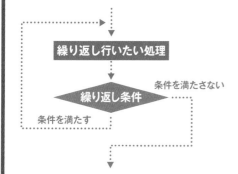

繰り返し行いたい処理

繰り返し条件

条件を満たさない

条件を満たす

● while文を使った例

1 1から100を超えるまで数値を足していく WhileLoopSample.java

以下は、1 + 2 + 3というように、1から連続する数値を足していき、その和が100を超えたときの和の値と最後に足した数を表示するプログラムです。まず2つの変数にそれぞれ0を代入します❶❷。次にwhile文を書きます。条件式とブロック内の処理を書きます❸❹❺。最後にwhile文が終了したあとに行う処理を書きます❻。

```
001  package_example;
002
003  public_class_WhileLoopSample_{
004  ____public_static_void_main(String[]_args)_{
005  _____int_num_=_0;          ——— 1 足していく数を入れる変数
006  _____int_sum_=_0;          ——— 2 足した和を入れる変数
007
008  _____while_(sum_<_100)_{   ——— 3 繰り返し条件を設定
009  _____num_=_num_+_1;    ——— 4 足していく数に1を加算
010  _____sum_=_sum_+_num;  ——— 5 sumにnumを足してsumに再代入
011  _____}
012  _____System.out.println("1から"_+_num_+_"までの数の和は"_+_sum_+_"です。");
013  ____}                         ——— 6 while文が終了したあとに表示
014  }
```

```
● 問題  ロ コンソール ×
<終了> WhileLoopSample [Java アプリケーション] C:¥pleiades-2019-03-java-win-64bit-jre_201905C
1から14までの数の和は105です。
```

> このプログラムをfor文を使って書くと、「for(int num = 0; sum < 100; ++num)」のようになります。 多くの場合、while文とfor文は置き換え可能です。

Point このプログラムの流れ

このプログラムでは、毎回足していく数を大きくしながら足し算を繰り返しています。while文の初期化式は sum < 100 なのでsumの値が100より小さい間、ブロック内の処理が繰り返されます。ブロック内の処理では、まず足していく変数numに1を加算します。そ

して足した和を入れるsumにnumを足してsumに再代入しています。

2回目の処理ではnumにさらに1を加算した上でsumに足します。

以上をsum < 100を満たす間繰り返します。

2 do while文を使って書き直す　DoWhileLoopSample.java

while文のサンプルをdo while文を使って書き直すと❶、以下のようになります。

```
001 package example;
002
003 public class DoWhileLoopSample {
004     public static void main(String[] args) {
005         int num = 0;  // 足していく数を入れる変数
006         int sum = 0;  // 足した和を入れる変数
007
008         do {
009             num = num + 1;
010             sum = sum + num;
011         } while (sum < 100);
012         System.out.println("1から" + num + "までの数の和は" + sum + "です。");
013     }
014 }
```

1 do while文に変更

コンソール

<終了> DoWhileLoopSample [Java アプリケーション] C:¥pleiades-2019-03-java-win-64bit-jre_2019
1から14までの数の和は105です。

結果はwhile文と変わりません。

Lesson 23 ［分岐と繰り返しの組み合わせ］
分岐と繰り返しを組み合わせてみましょう

このレッスンの ポイント

この章の仕上げとして、分岐と繰り返しを組み合わせたプログラムを書いてみましょう。for文で数値を1ずつ増やしながら、その数の状態をif〜else if文でチェックしてメッセージを表示します。これが理解できれば、制御構造の基本は卒業です。

分岐と繰り返しの組み合わせ

ここまでで、条件分岐と繰り返しの制御構造について学んできました。多くのプログラムは、これら2種類の制御構造を組み合わせて使用します。総ま

とめとして、条件分岐と繰り返しを組み合わせたプログラムを考えていきましょう。今回は、以下のルールに沿ったプログラムを作ります。

▶ プログラムのルール

- 1から始まる数字を順に50まで表示する。
- ただし、3と5で割り切れる数の場合は、数字を表示するのではなく、以下のルールにしたがった表示を行う。
  - 3で割り切れる数の場合は、「わん！」と表示する。
  - 5で割り切れる場合は、同様に、「にゃ〜」と表示する。
  - 3でも5でも割り切れる場合は、「わん！ にゃ〜」と表示する。

> このプログラムは、FizzBuzzと呼ばれる有名なサンプルの応用です。答えを見ずにこのプログラムが書ければ、制御構文の基本を理解できているといえます。

▶ 分岐と繰り返しを組み合わせたプログラムのフローチャート

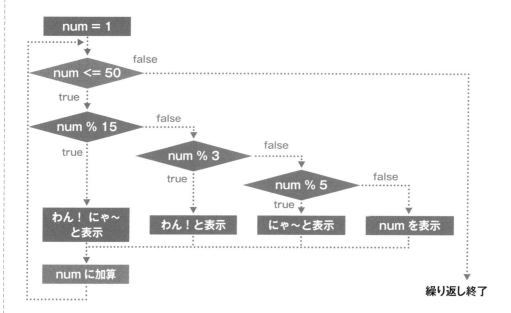

このフローチャートを見て、どこが繰り返しになり、どこがif文になるかイメージできますか？　次に進む前に自力で考えてみましょう。

● for文とif 〜 else if文を組み合わせる

1 | for文を作成する `ForAndIfSample.java`

それでは実際に繰り返しと条件分岐を組み合わせたプログラムを作成していきます。理解しやすいように少しずつ書いていきましょう。まずは繰り返し処理を行うためのfor文を作成します❶。

```
001  package example;
002
003  public class ForAndIfSample {
004      public static void main(String[] args) {
005          for (int num = 1; num <= 50; ++num) {
006
007          }
008      }
009  }
```

2 | for文のブロック内にif 〜 else文を作成する

次に繰り返し処理の中で行う条件分岐をif 〜 else文を使って書いていきます。if文の条件式はnum % 15 == 0とします❶。このプログラムを実行してみましょう。

```
001  package example;
002
003  public class ForAndIfSample {
004      public static void main(String[] args) {
005          for (int num = 1; num <= 50; ++num) {
006              if (num % 15 == 0) {          ┤1 if 〜 else文を作成
007                  // 数字が3でも5でも割り切れるときは、わん！ にゃ〜と表示する
008                  System.out.println("わん！ にゃ〜");
009              } else {
010                  // どれにも該当しない場合は、数字を表示する
011                  System.out.println(num);
012              }
013          }
```

```
014 ␣␣␣␣}
015 }
```

実行結果が表示されます。

<终了> ForAndIfSample [Java アプリケーション] C:¥pleiades-2019-03-java-win-64bit-jre_20190508

```
40
41
42
43
44
わん！ にゃ～
46
47
48
49
50
```

3 if ～ else if文を使って条件分岐を追加する

手順2のプログラムに、if ～ else if文を使って条件
分岐を追加します。1つ目のelse ～ if文の条件式は
num % 3 == 0とします❶。2つ目のelse ～ if文の条

件式は num % 5 == 0とします❷。実行して結果を
確認してみましょう。

```
001 package␣example;
002
003 public␣class␣ForAndIfSample␣{
004 ␣␣␣␣public␣static␣void␣main(String[]␣args)␣{
005 ␣␣␣␣␣␣␣␣for␣(int␣num␣=␣1;␣num␣<=␣50;␣++num)␣{
006 ␣␣␣␣␣␣␣␣␣␣␣␣if␣(num␣%␣15␣==␣0)␣{
007 ␣␣␣␣␣␣␣␣␣␣␣␣␣␣␣␣//␣数字が3でも5でも割り切れるときは、わん！␣にゃ～と表示する
008 ␣␣␣␣␣␣␣␣␣␣␣␣␣␣␣␣System.out.println("わん！␣にゃ～");
009 ␣␣␣␣␣␣␣␣␣␣␣␣}␣else␣if␣(num␣%␣3␣==␣0)␣{
010 ␣␣␣␣␣␣␣␣␣␣␣␣␣␣␣␣//␣そうではなく、数字が3で割り切れるときは、わん！と表示する
011 ␣␣␣␣␣␣␣␣␣␣␣␣␣␣␣␣System.out.println("わん！");
012 ␣␣␣␣␣␣␣␣␣␣␣␣}␣else␣if␣(num␣%␣5␣==␣0)␣{
013 ␣␣␣␣␣␣␣␣␣␣␣␣␣␣␣␣//␣そうではなく、数字が5で割り切れるときは、にゃ～と表示する
014 ␣␣␣␣␣␣␣␣␣␣␣␣␣␣␣␣System.out.println("にゃ～");
015 ␣␣␣␣␣␣␣␣␣␣␣␣}␣else␣{
016 ␣␣␣␣␣␣␣␣␣␣␣␣␣␣␣␣//␣どれにも該当しない場合は、数字を表示する
017 ␣␣␣␣␣␣␣␣␣␣␣␣␣␣␣␣System.out.println(num);
018 ␣␣␣␣␣␣␣␣␣␣␣␣}
019 ␣␣␣␣␣␣␣␣}
```

1 else if文を追加

2 else if文を追加

```
020 ____}
021 }
```

```
↑ 問題 🖥 コンソール ⊠                                          — ▭
      ⌂ ▪ 🗙 🗶 | 🔲 📊 💬 📑 🔳 | 🔲 | 🖵 ▭ ▾ 📑 ▾ | 🔲 Ⓐ
<終了> ForAndIfSample [Java アプリケーション] C:¥pleiades-2019-03-java-win-64bit-jre_20190508)
にゃ～
41
わん！
43
44
わん！ にゃ～
48
47
わん！
49
にゃ～
```

実行結果が表示されます。

Point このプログラムの流れ

まず for文の繰り返し条件を50回繰り返すように設定します。次に for文のブロック内で if ～ else if文による条件分岐を行っていきます。最初に変数 num が 3 でも 5 でも割り切れるかどうかを判定します。割り切れる場合は「わん！ にゃ～」と表示し、割り切れない場合は次の条件の判定を行います。以降、前ページで示したルールに沿った条件分岐を行います。ブロック内の条件分岐が終わると、for文の繰り返しごとの後処理により変数 num に 1 が加算され、再び条件分岐を行います。これが50回繰り返されます。

113

✋ ワンポイント Eclipseのデバッガー機能を使って動作の確認をする

Eclipseのデバッガー機能を使うと、1行ずつ確認しながら処理を実行することができます。

▶ 1.ブレークポイントの設定

ブレークポイントを設定すると、デバッグ実行時、その行で止めることでき、そこから先を1行ずつ実行することができます。ソースコードビューの行番号の右側の余白をクリックするとブレークポイントを設定できます。

▶ 2.デバッグ実行と操作

実行させたいソースファイルを右クリックして、[デバッグ] - [Javaアプリケーション] を選択すると、ブレークポイントの行まで進んで一時停止します。

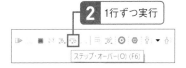

上部の [ステップ・オーバー] をクリックすると1行ずつ実行することができます。

▶ 3.デバッグの終了

[再開] をクリックすると、以降止まらず最後まで実行されます。デバッグを終えて、プログラムの作成画面に戻りたい場合は、右上の [Java] を選択すると、デバッグパースペクティブ（デバッグ用の画面構成）から、Javaパースペクティブ（Javaプログラム開発用の画面構成）に戻ります。

Chapter

4

オブジェクト指向プログラミングに触れてみよう

ここから数章にわたってオブジェクト指向を解説していきます。最初は「クラス」「メソッド」「フィールド」の基本的な使い方を学びましょう。

24

オブジェクト指向の概要を
知りましょう

**このレッスンの
ポイント**

オブジェクト指向は、複数の部品（オブジェクト）を組み合わせて、1つ
のプログラムを作っていく設計手法です。Javaのオブジェクト指向で
は、「クラス」がすべての設計図となります。ここではそれぞれの概要
を紹介します。

➜ オブジェクト指向とは

ここまでのプログラムは、1つのクラスを定義し、その中のmainメソッドに行いたい処理を書いてきました。どんなに機能が多いプログラムであっても、この方法でプログラムを作成することは可能です。ただしその場合、mainメソッドの中身が何千行にもなるなど、1つのファイルがとても大きくなってしまいます。また、処理の一部分が同じ似たようなプログラムを作成したい場合があっても、mainメソッドの一部だけを利用することができません。オブジ

ェクト指向プログラミングは、役割ごとに分けた「クラス」という部品を複数作って、その部品を利用するプログラミング手法です。複数のプログラムで同じ処理を行いたい場合、部品として用意しておけば、複数のプログラムから、同じ部品を使うことができます。処理を複数のクラスに分けて書くことで、mainメソッドを持つクラスのコードが膨大になることもなく、それぞれのクラスの中身の見通しもよくなります。

▶ クラスを使用すると……

1つの
大きなクラス

クラス ＋ クラス
＋ ＋
クラス クラス

複数の小さなクラスを組み合わせて
プログラムを作る

部品の再利用性が高まり、
それぞれの見通しもよくなり
ます。

⊕ クラスとは

クラスの作り方は今までに作成したクラスと変わりません。これまでのクラスの中にはmainメソッドを1つだけ作りましたが、クラスには他の構成要素も定義することができます。

▶ この章で作成するクラス

Catクラス

name フィールド（名前）	playToy メソッド（おもちゃで遊ぶ）
age フィールド（年齢）	eat メソッド（ご飯を食べる）
hungry フィールド（空腹状態）	
	main メソッド

このChapterでは猫を表すCatクラスを作成します。最初の練習なので、作るのはCatクラスとそれを利用するクラスだけです。

⊕ 以降の章で学ぶこと

ここからChapter 8まではずっとオブジェクト指向の話が続きます。Chapter 4でクラスの基礎を説明したあと、次のChapter 5では壊れにくいクラスの作り方を解説します。Chapter 6と8はクラスの再利用性を高める方法を解説します。途中のChapter 7は、Stringクラスやコレクションクラスなどの標準クラスライブラリの使い方を解説します。既存のクラスを使うことで、オブジェクト指向の理解を深めることができます。

▶ 以降の章で解説する内容

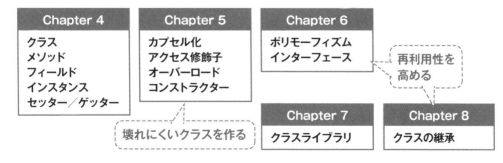

Chapter 4	Chapter 5	Chapter 6
クラス	カプセル化	ポリモーフィズム
メソッド	アクセス修飾子	インターフェース
フィールド	オーバーロード	
インスタンス	コンストラクター	
セッター／ゲッター		

再利用性を高める

壊れにくいクラスを作る

| Chapter 7 | Chapter 8 |
| クラスライブラリ | クラスの継承 |

25 [クラスとメソッドの定義]
猫を表すクラスを作成してみましょう

**このレッスンの
ポイント**

このLessonでは、部品となるクラスの作り方を学んでいきます。サンプルとするのは「猫を表すクラス」です。もちろん実用性はありませんが、実用のための細かなあれこれにとらわれることなく、Javaのルールを学習できます。

⊕ クラスの定義

クラスの定義はすでに何度か出てきていますが、classというキーワードで定義します。クラスの{ }の中に、クラスの構成要素となるメンバーを記述します。

クラスのメンバーには、メソッド、フィールド、コンストラクターといったものがあります。

▶ クラス定義の書式

　　アクセス修飾子　　　　　クラス名

```
public_class_Cat_{
____//_ここに、クラスの中の構成要素を定義できる。
}
```

> publicというアクセス修飾子の意味については、あとの章で解説します。今は、「クラスを定義するときは、public class に続けてクラス名を指定する形で定義する」と覚えましょう。

→ メソッドの定義

まずは、メンバーの1つであるメソッドから学んでいきましょう。メソッドとは処理の塊です。ここまでに利用してきたmainもメソッドの1つです。

いろいろなプログラムで同じ処理を行う場合や、同じ処理を複数回行う場合、メソッドを使うと、同じ処理をいろいろな箇所に何回も記述する必要がなくなります。

定義したメソッドは、他のメソッド内の処理から利用します。外部からメソッドを利用することを「メソッドを呼び出す」といいます。

▶ メソッドは他から呼び出せる

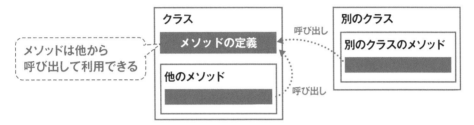

▶ メソッド定義の書式

```
戻り値の型␣メソッド名(引数リスト)␣{
␣␣␣␣//␣メソッドの中には、処理が記述できる。
}
```

メソッドも定義する際にメソッド名を付けます。処理の塊に名前を付けることで、その部分がどんな処理をするのかがわかりやすくなるというメリットもあります。

Chapter 4 オブジェクト指向プログラミングに触れてみよう

⊕ メソッドの引数

メソッドを呼び出す際、データをメソッドに渡すことができます。メソッドに渡すデータのことを引数といいます。引数は一種の変数なので、メソッドの中で変数と同じように使うことができます。引数の定義は「引数の型」と「引数名」で1セットです。引数は複数渡すこともでき、その場合は型と引数名のセットを「,（カンマ）」で区切って書きます。引数の定義をまとめて「引数リスト」と呼ぶことがあります。

▶ 引数のイメージ

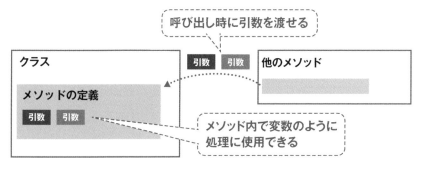

▶ 引数の定義

```
void printName(String name) {
```
引数の型　　引数の名前

▶ 引数を2つ持つメソッドの定義

引数1の名前　　引数2の型

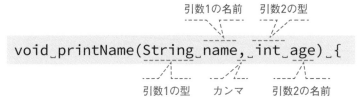

```
void printName(String name, int age) {
```
引数1の型　　カンマ　　引数2の名前

> メソッドによっては呼び出し時にデータを渡す必要がないこともあります。引数がいらない場合は、「void test( ){」のように丸カッコだけを書きます。

メソッドの戻り値

引数とは逆に、メソッドから呼び出し元にデータを1つ返すことができます。このデータのことを戻り値といいます。メソッドの定義では、メソッド名の前に戻り値の型を記述します。戻り値が特にない場合はvoidというキーワードを使います。

▶ 戻り値のイメージ

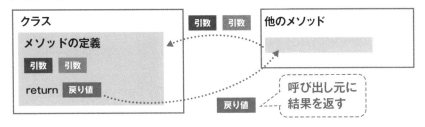

▶ 戻り値を持つメソッドの定義

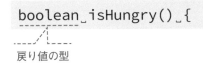

戻り値の型

▶ 戻り値がないメソッドの定義

voidキーワード

 ## 戻り値はreturn文で返す

戻り値のあるメソッドを定義した場合は、そのメソッドの処理が終わったら、呼び出し元に戻り値を返す処理を書く必要があります。return文を使います。

▶ return文の使い方

戻す値

> メソッド名の前に書く戻り値の型と、return文で戻す値の型が合っていないとコンパイルエラーになります。戻り値を持つメソッドなのにreturn文を書かない場合もエラーになります。

メソッド定義内の処理の流れを見てみよう

引数、戻り値ともにいろいろなルールがあるので、ここでいったんまとめて見ておきましょう。以下のgetMessageメソッドは、名前を受け取って、それにあいさつの文字列を連結して返します。String型の引数nameを受け取り、それを処理してString型の戻り値を返します。

▶ 引数と戻り値のあるメソッド定義の例

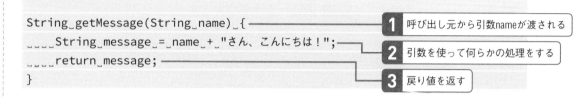

```
String_getMessage(String_name)_{
____String_message_=_name_+_"さん、こんにちは！";
____return_message;
}
```

1 呼び出し元から引数nameが渡される

2 引数を使って何らかの処理をする

3 戻り値を返す

独自に定義したメソッド内の処理といっても、これまでmainメソッドに書いてきたものと大きくは変わりません。引数と戻り値というデータの受け渡しが追加されただけです。

クラスを作成しメソッドを定義する

1 クラスの定義だけをしたCatクラスを作成する `Cat.java`

Chapter 2の31〜33ページを参考に新しいプロジェクトとクラスを作成します。　プロジェクト名はChapter4_5、パッケージ名はexampleとします。クラス名はCatとします。

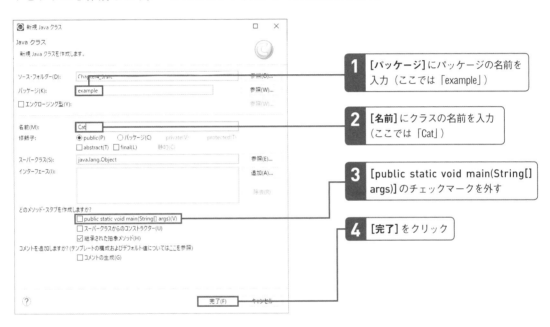

1 [パッケージ]にパッケージの名前を入力（ここでは「example」）

2 [名前]にクラスの名前を入力（ここでは「Cat」）

3 [public static void main(String[] args)]のチェックマークを外す

4 [完了]をクリック

```
001 package_example;
002
003 public_class_Cat_{———[ 空のCatクラスが作成されます。 ]
004
005 }
```

今回は [public static void main(String[] args)] にチェックマークを付けません。mainメソッドはあとで作成するクラスに追加します。

NEXT PAGE ➡

2　ご飯を食べるメソッドを定義する

Catクラスの中に3つのメソッドを定義します。まず引数、戻り値がないeatメソッドを定義します❶。

このメソッドは"ご飯を食べるよ！おいしいにゃー"というメッセージを表示します。

```
001  package_example;
002
003  public_class_Cat_{
004
005  ____void_eat()_{
006  _____System.out.println("ご飯を食べるよ！おいしいにゃー");
007  ____}
008  }
```

1 メソッドを定義

3　空腹状態を教えるメソッドを定義する

空腹状態を教えるisHungryメソッドを定義します❶。isHungryメソッドは戻り値としてtrueを返します❷。

```
001  package_example;
002
003  public_class_Cat_{
004
005  ____void_eat()_{
006  _____System.out.println("ご飯を食べるよ！おいしいにゃー");
007  ____}
008
009  ____boolean_isHungry()_{
010  _____return_true;
011  ____}
012  }
```

1 メソッドを追加

2 戻り値trueを返す

> boolean値を返すメソッドは、状態を伝えるという意味を込めて、「is○○」という名前を付ける慣習があります。

4 おもちゃで遊ぶメソッドを定義する

おもちゃで遊ぶplayToyメソッドを定義します❶。
playToyメソッドは"(引数で渡されたtoy)で遊ぶよ。

楽しいにゃー"というメッセージを出力します❷。

```
001  package_example;
002
003  public_class_Cat_{
004
005  ____void_eat()_{
006  _____System.out.println("ご飯を食べるよ！おいしいにゃー");
007  ____}
008
009  ____boolean_isHungry()_{
010  _____return_true;
011  ____}
012
013  ____void_playToy(String_toy)_{ ────────  1  playToyメソッドを追加
014  _____System.out.println(toy_+_"で遊ぶよ。楽しいにゃー");
015  ____}                                      2  文字列を出力する
016  }
```

Point このレッスンでやったこと

猫を表すCatクラスを作り、猫の動作を表す3つのメソッドを定義しました。これらのクラ スのメソッドを使用するためにはクラスのインスタンスを作る必要があります。

> Catクラスにはmainメソッドがないため、単体では実行できません。次にmainメソッドを持つクラスを追加しましょう。

Chapter 4

オブジェクト指向プログラミングに触れてみよう

125

[インスタンスの生成]

猫クラスから猫クラス型の インスタンスを作りましょう

このレッスンの ポイント

前のLessonでは、部品となるクラス（Catクラス）を作りました。このLessonでは、作成したクラスを利用するために、Catクラスを使う側のクラスを追加し、その中でCatクラスの「インスタンス」を作ります。

→ クラスとインスタンス

作成したクラスの中にメソッドを定義しましたが、クラスのメソッドを直接呼び出すことはできません。その前にクラスからインスタンスというものを生成する必要があります。インスタンスは、日本語に訳すと「実体」です。クラスはどんな機能（メソッド）を持っているかが記述されている「設計書」でしかなく、実際に使うためには設計図から起こした実体(イ

ンスタンス）が必要なのです。Catクラスの例で説明すると、猫に持たせたい機能（ご飯を食べるとか、おもちゃで遊ぶなど）をCatクラスのメソッドとして定義しました。Catクラスのインスタンスを生成するというのは、Catクラスに定義した機能を持っている実際の猫（実体）を1匹作るという意味になります。

▶ **クラスからインスタンスを生成する**

Catクラス

インスタンス

つまり、実体の猫でなければご飯を食べたり遊んだりすることはできないということです。1つのクラスから複数のインスタンスを生成することもできます。

➔ インスタンスの生成の仕方

クラスからインスタンスを生成するには、「new」とい うキーワードを使って、生成したいインスタンスの クラス名をその後ろに指定します。生成したインス タンスは、そのクラス型の変数で受け取ることがで きます。これまでに登場した変数の型は、intや doubleなどでした。クラスも型として扱うことができ、 生成したインスタンスはそのクラス型の変数に代入 することができます。

▶ クラスからインスタンスを生成する書式

```
Cat_tama_=_new_Cat();
```

型（クラス名）　newキーワード

▶ Catクラス型のインスタンス生成の例

```
//_Catクラス型のインスタンス（実体）を生成し、tamaという変数に代入
Cat_tama_=_new_Cat();
```

```
//_Catクラス型のインスタンス（実体）をもう1つ生成し、mikeという変数に代入
Cat_mike_=_new_Cat();
```

> 生成したインスタンスは変数などに入れて 保持しなければいけません。どこからも 参照されていないインスタンスは消滅して しまいます。

➔ メソッドの呼び出し方

クラスからインスタンスを生成すると、そのインスタンスが持つメソッドを呼び出すことができます。インスタンスを入れた変数とメソッド名の間は「.（ドットまたはピリオド）」でつなぎます。

これまでもJavaが標準で持っているSystem.out.printlnというメソッドを使ってきましたが、それと同じです。

▶ 引数も戻り値もないメソッドの呼び出し方

インスタンスを入れた変数

tama.eat();

ドット　メソッド名

▶ 引数を持つが戻り値もないメソッドの呼び出し方

変数　メソッド名

tama.playToy("ボール");

ドット　　　　　引数

➔ メソッドの戻り値は変数などに入れる

メソッドが戻り値を返す場合は、それを変数などに入れることができます。戻り値を入れる変数の型は、

戻り値と合わせる必要があります。

▶ 戻り値のあるメソッドの呼び出し方

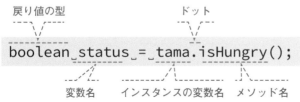

戻り値の型　　　　　　　　　ドット

boolean status = tama.isHungry();

変数名　インスタンスの変数名　メソッド名

引数の型や戻り値の型が合っていないとコンパイルエラーになります。Javaでは型が合わないことは許されません。

● インスタンスを作ってクラスを使う

1 新しいクラスを作成する

これまで作成したクラスをインスタンス化して使ってみましょう。新たにUseCatSampleクラスを作成します。クラスの作成方法はChapter 2の31〜33ページを参考にしてください。

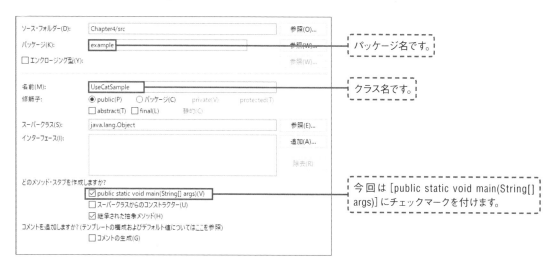

ソース・フォルダー(D):　　Chapter4/src　　　　　　　　　　　　　　参照(O)...
パッケージ(K):　　　　　example　　　　　　　　　　　　　　　　参照(W)... ┄┄ パッケージ名です。
□ エンクロージング型(Y):　　　　　　　　　　　　　　　　　　　参照(W)...

名前(M):　　　　　　　UseCatSample　　　　　　　　　　　　　　　┄┄ クラス名です。
修飾子:　　　　　　　⦿ public(P)　○ パッケージ(C)　private(V)　protected(T)
　　　　　　　　　　□ abstract(T)　□ final(L)　静的(C)
スーパークラス(S):　　java.lang.Object　　　　　　　　　　　　　参照(E)...
インターフェース(I):　　　　　　　　　　　　　　　　　　　　　　追加(A)...
　　　　　　　　　　　　　　　　　　　　　　　　　　　　　　　除去(R)

どのメソッド・スタブを作成しますか?
　☑ public static void main(String[] args)(V)　┄┄ 今回は [public static void main(String[] args)] にチェックマークを付けます。
　□ スーパークラスからのコンストラクター(U)
　☑ 継承された抽象メソッド(H)
コメントを追加しますか? (テンプレートの構成およびデフォルト値についてはここを参照)
　　□ コメントの生成(G)

2 インスタンスを作成する　`UseCatSample.java`

mainメソッドの中でCatクラスのインスタンスtamaを生成します❶。

```
001  package example;
002
003  public class UseCatSample {
004
005      public static void main(String[] args) {
006          Cat tama = new Cat();              1  インスタンスを生成
007      }
008  }
```

3 インスタンスのメソッドを呼び出す

まずは生成したtamaインスタンスに対して、eatメソ
ッドを呼び出します❶。このプログラムを実行して
みましょう。

```
001 package example;
002
003 public class UseCatSample {
004
005     public static void main(String[] args) {
006         Cat tama = new Cat();
007         tama.eat();
008     }
009 }
```

1 tamaインスタンスのeatメソッドを
呼び出す

🔲 コンソール ⊠

`<終了> UseCatSample [Java アプリケーション] C:¥pleiades-2019-03-java-win-64bit-jre_20190508¥p`
`ご飯を食べるよ！おいしいにゃー`

メッセージが表示されました。

「tama.eat」という形で呼び出しますが、eatメソッドを
持っているのは変数tamaではなく、その中のインスタン
スです。本書では「tamaという変数に入っているインス
タンス」を指して、tamaインスタンスと呼びます。

Chapter 4

オブジェクト指向プログラミングに触れてみよう

○ 引数、戻り値のあるメソッドの呼び出し

1 引数のあるメソッドを呼び出す　`UseCatSample.java`

次は引数のあるplayToyメソッドを呼び出します。引数は"ひも"とします❶。このプログラムを実行してみ ましょう。

```
001 package_example;
002
003 public_class_UseCatSample_{
004
005 ____public_static_void_main(String[]_args)_{
006 _____Cat_tama_=_new_Cat();
007 _____tama.eat();
008 _____tama.playToy("ひも");          ——[1] tamaインスタンスのplayToyメソッドを呼び出す
009 ____}
010 }
```

```
• 問題  □ コンソール  ⊠                                        ⌐ ⌐
      ⤺ ▣ ✖ ✖  ▣ ▣ ▣ ⨻ ⨻ | ▣ | ⊟ ▦ ▾ ⊟ ▾ |  ▣ ⓐ
<終了> UseCatSample [Java アプリケーション] C:¥pleiades-2019-03-java-win-64bit-jre_20190508¥p
ご飯を食べるよ！おいしいにゃー
ひもで遊ぶよ。楽しいにゃー
```

引数で渡したおもちゃで遊ぶメッセージが表示されました。

2 戻り値のあるメソッドを呼び出す

戻り値のあるisHungryメソッドを呼び出し、戻り値を変数に代入します❶。isHungryメソッドの戻り値 によってif文の条件分岐を行います❷。プログラムを実行してみましょう。

```
      ……前略……
003  public class UseCatSample {
004
005      public static void main(String[] args) {
006          Cat tama = new Cat();
007          tama.eat();
008          tama.playToy("ひも");
009          boolean h = tama.isHungry();
010          if(h == true){
011              System.out.println("お腹がすいてるにゃー！");
012          }else{
013              System.out.println("お腹はすいてないにゃー！");
014          }
015      }
016  }
```

1 isHungryメソッドを呼び出す

2 if文 ～ else で条件分岐

```
◦ 早発  □ コンソール  ⋊
<終了> UseCatSample [Java アプリケーション] C:\pleiades-2019-03-java-win-64bit-jre_20190508\p
ご飯を食べるよ！おいしいにゃー
ひもで遊ぶよ。楽しいにゃー
お腹がすいてるにゃー！
```

結果のメッセージだけを見ると、わざわざクラスを作った意義は感じられないかもしれません。しかし、オブジェクト指向はプログラムが複雑になるほど力を発揮するものです。しばらく、基本的なルールの解説にお付き合いください。

Lesson

27 [クラスのフィールド]
猫のデータを表すフィールドを定義しましょう

このレッスンのポイント

フィールドは、インスタンスにデータを記録するための変数です。猫を表すCatクラスであれば、猫の名前や年齢、毛の色などを記録するフィールドが考えられます。Catクラスにフィールドを追加して、その定義方法を学びましょう。

Chapter 4 オブジェクト指向プログラミングに触れてみよう

→ フィールドの定義

クラスのフィールドは、インスタンスごとに保持できる変数です。例えば、CatクラスにString型のnameというフィールドを定義すると、Catクラスから生成したインスタンスごとに猫の名前を保持できるよう

になります。フィールドの定義は、今まで習った変数の宣言とまったく同じです。違いは定義する場所で、メソッドのブロック内ではなく、クラスのブロック内で定義します。

▶ フィールドの定義

```
String_name;
```

型　　フィールド名

▶ フィールド定義の例

```
public_class_Cat_{
____String_name; ············ フィールド定義
____boolean_hungry; ········ フィールド定義

____void_someMethod()_{
_____String_message; ··· 変数宣言
_____int_num; ··········· 変数宣言
____}
}
```

変数はその変数を宣言したメソッド内でしか使えませんが、フィールドはそのクラスに定義されているすべてのメソッドから利用できます。つまり、通常の変数よりもスコープが広いということです。

フィールドにアクセスする方法

同じクラスに宣言されているフィールドには、通常の変数（ローカル変数）と同じようにアクセス（参照、代入）することができます。他のクラスからフィールドにアクセスする場合は、「インスタンスの変数名.フィールド名」と記述します。

▶ 同じクラス内で定義されているフィールドへのアクセス

```
public_class_Cat_{
____String_name; ………:… フィールド定義
____boolean_hungry;…:

____void_someMethod()_{
_____name_=_"タマ";…… nameフィールドに"タマ"を代入
_____System.out.println(name);…… nameフィールドに入っている値を表示
____}
}
```

▶ 他のクラスからフィールドにアクセス

```
public_class_UseCatSample_{
____public_static_void_main(String[]_args)_{
_____Cat_tama_=_new_Cat(); …Catクラス型のインスタンスを生成して変数tamaに代入
_____tama.name_=_"タマ"; ……[注目]tamaインスタンスのnameフィールドに"タマ"を代入

_____Cat_mike_=_new_Cat(); …Catクラス型のインスタンスをもう1つ作成して変数mikeに代入
_____mike.name_=_"みけ"; ……[注目]mikeインスタンスのnameフィールドに"みけ"を代入

_____System.out.println(tama.name); ……… [注目]tamaインスタンスの
                                               nameフィールドに入っている値を表示
_____System.out.println(mike.name); ……… [注目]mikeインスタンスの
                                               nameフィールドに入っている値を表示
____}
}
```

フィールドはインスタンスごとに保持されるものです。上の例のようにインスタンスが2つあれば、それぞれのnameフィールドで異なるデータを記憶できます。

➔ フィールドの初期化

フィールドは、初期値を設定することができます。フィールドは、インスタンスごとにインスタンスの生成時に初期値が設定されます。

▶ フィールドの初期化の例

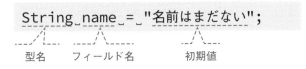

String name = "名前はまだない";

型名　　フィールド名　　　　初期値

➔ フィールドのデフォルト値

ローカル変数は値を代入しておかないと、変数を参照することができませんが、フィールドは初期値が設定されていない場合、デフォルト値が設定されます。型によってデフォルト値は異なります。

クラスによって作られた型は、参照型と呼ばれ、参照型の変数には、インスタンスそのものが入っているのでなく、インスタンスの場所を示す情報（実際にはメモリアドレスという場所を示す番地）が入っています。参照型のデフォルト値は「null（ヌル、ナル）」という特殊な値で、参照先のインスタンスがない状態を表しています。

▶ デフォルト値の例

型	デフォルト値	説明
int	0	intやdoubleなどの数値型は、0（0.0）で初期化される
double	0.0	
boolean	false	真偽型は、falseで初期化される
クラス型（参照型）	null	String型などクラス型のフィールドは、nullで初期化される

▶ 参照型変数とインスタンスの関係

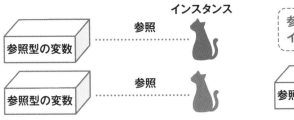

● 同じクラス内に定義されているフィールドにアクセスする

1 クラスにフィールドを定義する　Cat.java

Catクラスに戻り、2つのフィールドを追加します。
名前を表すString型のnameフィールド❶、空腹状態

を表すboolean型のhungyフィールドです❷。

```
001 package_example;
002
003 public_class_Cat_{
004 ____String_name;          1 nameフィールドを追加
005 ____boolean_hungry;
006                           2 hungyフィールドを追加
007 ____void_eat()_{
        ……後略……
```

2 猫の名前を設定、表示する処理をメソッドに追加する

Lesson 25で作成したeatメソッドとplayToyメソッドに、
nameフィールドを参照する処理を追加します❶ ❷。

これでメッセージの前に猫の名前が付くようになります。

```
        ……前略……
007 ____void_eat()_{
008 _____System.out.println(name_+_">_ご飯を食べるよ！おいしいにゃー");
009 ____}
010                           1 nameフィールドの値を参照して表示
011 ____boolean_isHungry()_{
012 _____return_true;
013 ____}
014
015 ____void_playToy(String_toy)_{
016 _____System.out.println(name_+_">_"_+_toy_+_"で遊ぶよ。楽しいにゃー");
017 ____}
018 }
                             2 nameフィールドの値を参照して表示
```

Chapter 4　オブジェクト指向プログラミングに触れてみよう

136

3 mainメソッドに処理を追加する `UseCatSample.java`

UseCatSampleクラスのmainメソッドにnameフィール を実行してみましょう。
ドに値を代入する処理を追加します❶。プログラム

```
001  package_example;
002
003  public_class_UseCatSample_{
004
005  ____public_static_void_main(String[]_args)_{
006  _____Cat_tama_=_new_Cat();
007  _____tama.name_=_"タマ";          1  nameフィールドに"タマ"を代入
008  _____tama.eat();
009  _____tama.playToy("ひも");
010  _____boolean_h_=_tama.isHungry();
011  _____if(h_==_true){
012  _____System.out.println("お腹がすいてるにゃー！");
013  _____}else{
014  _____System.out.println("お腹はすいてないにゃー！");
015  _____}
016  ____}
017  }
```

```
嫌題  コンソール ※

<終了> UseCatSample [Java アプリケーション] C:\pleiades-2019-03-java-win-64bit-jre_20190508\p
タマ> ご飯を食べるよ！おいしいにゃー        nameフィールドから取得した猫の
タマ>ひもで遊ぶよ。楽しいにゃー            名前が表示されました。
お腹がすいてるにゃー！
```

4 | 猫の空腹状態を設定し、表示する　Cat.java

Catクラスに戻ります。今度はhungryフィールドにアクセスする処理を追加します❶。hungryフィールドにfalseを代入します❷。isHungryメソッドの戻り値をhungryフィールドに修正します❸。playToyメソッドにメッセージを追加します❹。hungryフィールドにtrueを代入します❺。プログラムを実行しましょう。

```
001  package_example;
002
003  public_class_Cat_{
004  ____String_name;
005  ____boolean_hungry;
006
007  ____void_eat()_{
008  _____System.out.println(name_+_">_ご飯を食べるよ！おいしいにゃー");
009  _____System.out.println(name_+_">_お腹が一杯になったにゃー");
010  _____hungry_=_false;
011  ____}
012
013  ____boolean_isHungry()_{
014  _____return_hungry;
015  ____}
016
017  ____void_playToy(String_toy)_{
018  _____System.out.println(name_+_">_"_+_toy_+_"で遊ぶよ。楽しいにゃー");
019  _____System.out.println(name_+_">_遊んでお腹が減ったにゃー");
020  _____hungry_=_true;
021  ____}
022  }
```

1 メッセージを追加

2 hungryフィールドにfalseを代入

3 hungryフィールドの値を返す

4 メッセージを追加

5 hungryフィールドにtrueを代入

コンソール ☒

`<終了> UseCatSample [Java アプリケーション] C:¥pleiades-2`
タマ> ご飯を食べるよ！おいしいにゃー
タマ> お腹が一杯になったにゃー
タマ> ひもで遊ぶよ。楽しいにゃー
タマ> 遊んでお腹が減ったにゃー
お腹がすいてるにゃー！

今回の変更で、ご飯を食べると満腹（hungryがfalse）になり、遊ぶと空腹（hungryがtrue）になるようになりました。本物の猫に近づきましたね。

[ゲッターとセッター]

猫に自己紹介をさせるプログラムを作成しましょう

このレッスンの
ポイント

次のChapter 5で解説するカプセル化とも関係しますが、外部からクラスのフィールドにアクセスするのは望ましくないとされています。一般的には、ゲッター／セッターと呼ばれるフィールドアクセス用のメソッドを作成し、それを通してアクセスします。

→ フィールドの値を読み取るゲッター

クラス内のフィールドを外部から自由に書き換え可能にしていると、予想外の値が設定されてトラブルが起きることがあります。そのため、フィールドへの直接アクセスは避け、ゲッター／セッターというメソッドを利用します。ゲッター (getter) は、フィールドの値を戻り値で返すメソッドです。一般的にゲッターの名前は「get」＋「先頭1文字を大文字にしたフィールド名」とします。例えば、nameフィールドのゲッターはgetNameとします。

▶ ゲッターメソッドの例

```
public_class_Cat_{
____String_name; … String型のnameフィールド
____int_age; ……… int型のageフィールド

____String_getName()_{… nameフィールドのゲッター
_____return_name;
____}

____boolean_getAge()_{… ageフィールドのゲッター
_____return_age;
____}
}
```

> このLessonの例ではゲッター／セッターを使わずにフィールドに直接アクセスすることも可能です。Chapter 5で解説するアクセス修飾子を組み合わせると、フィールドの直接アクセスを禁止できます。

→ フィールドに値を設定するセッター

セッター（setter）は、フィールドに値を設定するメソッドです。フィールドに設定したい値は引数で渡します。ゲッターと同様に「set」＋「先頭1文字を大文字にしたフィールド名」という名前にします。ゲッターは結果を返さないため、戻り値の型はvoidとします。

セッターはメソッドなので、フィールドに代入する以外の処理を書くこともできます。例えば数値型のセッターであれば、負の数が設定されないように値をチェックするなどの処理を加えることも可能です。

▶ セッターメソッドの例

```
public_class_Cat_{
____String_name; ⋯ String型のnameフィールド
____int_age; ⋯⋯⋯ int型のageフィールド

____void_setName(String_catName)_{ ⋯⋯nameフィールドのセッター
_____name_=_catName;
____}

____void_setAge(int_catAge)_{⋯⋯ageフィールドのセッター
_____age_=_catAge;
____}
}
```

ゲッターのみ作成してセッターを作成しない場合、そのフィールドは「読み取り専用」ということになります。

ゲッターとセッターを使ってフィールドにアクセスする

1 年齢を表すフィールドを追加する `Cat.java`

新たに年齢を表すageフィールドを定義します❶。

```
001 package_example;
002
003 public_class_Cat_{
004 ____String_name;
005 ____int_age; ────────────  1 ageフィールドを追加
006 ____boolean_hungry;
007
008 ____void_eat()_{
009 _____System.out.println(name_+_">_ご飯を食べるよ！おいしいにゃー");
010 _____System.out.println(name_+_">_お腹が一杯になったにゃー");
011 _____hungry_=_false;
012 ____}
      ……中略……
023 }
```

2 ゲッターとセッターを追加する

まずnameフィールドに値を設定するセッターを追加します❶。さらにnameフィールドの値を返すゲッターを追加します❷。ageフィールドに対しても同様にゲッターとセッターを追加します❸ ❹。

```
      ……前略……
003 public_class_Cat_{
004 ____String_name;
005 ____int_age;
006 ____boolean_hungry;
007
008 ____void_eat()_{
009 _____System.out.println(name_+_">_ご飯を食べるよ！おいしいにゃー");
010 _____System.out.println(name_+_">_お腹が一杯になったにゃー");
```

NEXT PAGE →

```
011 _____hungry_=_false;
012 ____}
013
014 ____boolean_isHungry()_{
015 _____return_hungry;
016 ____}
017
018 ____void_playToy(String_toy)_{
019 _____System.out.println(name_+_">_"_+_toy_+_"で遊ぶよ。楽しいにゃー");
020 _____System.out.println(name_+_">_遊んでお腹が減ったにゃー");
021 _____hungry_=_true;
022 ____}
023
024 ____void_setName(String_catName)_{━━━━ 1 nameフィールドのセッターを追加
025 _____name_=_catName;
026 ____}
027
028 ____String_getName()_{━━━━━━━━━━ 2 nameフィールドのゲッターを追加
029 _____return_name;
030 ____}
031
032 ____void_setAge(int_catAge)_{━━━━━ 3 ageフィールドのセッターを追加
033 _____age_=_catAge;
034 ____}
035
036 ____int_getAge()_{━━━━━━━━━━━ 4 ageフィールドのゲッターを追加
037 _____return_age;
038 ____}
039 }
```

● ゲッターを呼び出して値を取得する

1 自己紹介をするメソッドを追加する　Cat.java

自己紹介を行うintroduceMyselfメソッドを新たに定
義します❶。introduceMyselfメソッドは、nameフィ

ールドとageフィールドの値を取得するゲッターを呼
び出し❷ ❸、猫の名前と年齢を表示します❹。

```java
      ……前略……
024      void setName(String catName) {
025          name = catName;
026      }
027
028      String getName() {
029          return name;
030      }
031
032      void setAge(int catAge) {
033          age = catAge;
034      }
035
036      int getAge() {
037          return age;
038      }
039
040      void introduceMyself() {
041          String n = getName();
042          int a = getAge();
043          System.out.println("名前は" + n + "です、" + a + "歳です。");
044      }
045 }
```

1 introduceMyselfメソッドを定義

2 getNameメソッドを呼び出す

3 getAgeメソッドを呼び出す

4 ❷❸で取得した値でメッセージを表示

● セッターを呼び出して値を設定する

1 mainメソッドからセッターを呼び出す `UseCatSample2.java`

新しいクラス UseCatSample2クラスを作成します。Catクラスからもう1匹の猫を表すインスタンスを生成します❶❷。2つのインスタンスそれぞれに対し、setNameメソッドとsetAgeメソッドを呼び出し、名前

と年齢を設定します❸。2つのインスタンスそれぞれに対し、introduceMyselfメソッドを呼び出します❹。このプログラムを実行してみましょう。

```
001 package_example;
002
003 public_class_UseCatSample2_{
004 ____public_static_void_main(String[]_args)_{
005 _____Cat_tama_=_new_Cat();          1 Catのtamaインスタンスを生成
006 _____Cat_mike_=_new_Cat();          2 Catのmikeインスタンス生成
007
008 _____tama.setName("タマ");
009 _____tama.setAge(3);                3 フィールドに名前と年齢を設定
010 _____mike.setName("みけ");
011 _____mike.setAge(2);
012 _____tama.introduceMyself();        4 それぞれのインスタンスのintroduceMyself
013 _____mike.introduceMyself();          メソッドを呼び出す
014 ____}
015 }
```

```
● 問題 □ コンソール ※
    ⚙ ▣ ✖ ※ | ➡ 🔃 ❖ 🔲 🔳 | 🔂 | ➡ 🖥 ▾ 📁 ▾ | 🔲 Ⓐ
<終了> UseCatSample 2 [Java アプリケーション] C:¥pleiades-2019-03-java-win-64bit-jre_20190508¥
名前はタマです、3歳です。
名前はみけです、2歳です。
```

Point 猫クラスから個別の猫のインスタンスを生成する

このプログラムでは「猫」を表すCatクラスから、2匹の猫（タマ、みけ）のインスタンスを生成しています。生成したインスタンスのフ

ィールドに対して、セッターを介してそれぞれの名前と年齢を代入しています。

Chapter

5

壊れにくくて
使いやすいクラス
の作り方を
学ぼう

この章ではクラスを安全に利用できるようにする「カプセル化」を中心に解説していきます。後半では、オーバーロードやコンストラクターといった、クラスの使い勝手を上げる機能についても解説します。

[メンバーのアクセス制御]

カプセル化の概要を知りましょう

このレッスンの
ポイント

カプセル化は、クラスのフィールドに不正な値を入れてしまうなどの
プログラミングミスを未然に防ぐための考え方です。フィールドに「ア
クセス修飾子」を付けることで、外部からのアクセスを許すかどうかを
設定できます。

これまでのプログラムの問題点

Chapter 4では、クラスにフィールドを定義して、値を設定したり変更したりできることを学びました。ただし、フィールドの値の設定／変更が外部のクラスからもできてしまう点は、プログラムの誤作動の原因となりえます。
例えば、前の章で扱ったCatクラスには年齢の値を持つageフィールドがありますが、そこに-1などの不正な値が代入された結果、年齢（正の数）を前提にした処理がおかしくなる可能性があるわけです。
一人で開発している場合なら注意すれば済むことですが、クラスは再利用可能な部品なので、自分以外が使う状況も想定しなければいけません。

▶ 別のクラスからフィールドにアクセス可能な状態

Catクラスを利用する別のクラス内の記述

```
Cat tama = new Cat();
tama.age = -1;
...
```

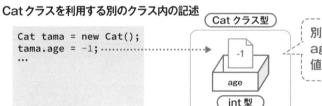

別のクラスの記述で、Catクラスの
ageフィールドに-1などの不正な
値を入れることができてしまう

tamaインスタンス

フィールドが外部から自由にアクセス可能に
なっている状態とは、いわば家電の内部の
配線がむき出しになっているようなものです。
誤って触ったら大変なことになるのは予想が
付きますね。

カプセル化でフィールドを守る

オブジェクト指向プログラミングでは、「カプセル化」という考え方があります。このカプセル化の原則に沿ったプログラムを書くことで、プログラムのミスで、不正な値が入ってしまうことを未然に防ぐことができます。
カプセル化とは「クラスが持つデータ（Javaではフィールド）とそのデータを直接操作する処理をクラス内に限定し、独立性を高める」という考え方です。そして、そのクラスを利用している別のクラスからは Chapter 4で学んだセッターなどを使って、フィールドの値を変更します。これにより、直接フィールドの値を変更する処理は、そのクラス内に限定することができます。

▶ カプセル化されたクラス

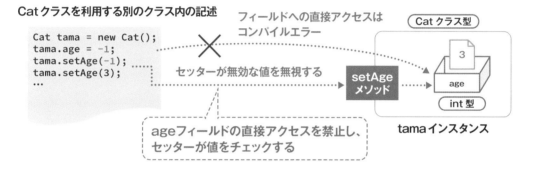

Cat クラスを利用する別のクラス内の記述

```
Cat tama = new Cat();
tama.age = -1;
tama.setAge(-1);
tama.setAge(3);
...
```

フィールドへの直接アクセスはコンパイルエラー

セッターが無効な値を無視する

ageフィールドの直接アクセスを禁止し、セッターが値をチェックする

setAge メソッド

Cat クラス型

3

age

int 型

tamaインスタンス

カプセル化とは、クラス全体をカプセルで包む考え方で、外部からアクセスしてもよい部分だけを公開します。これで誤作動の原因となりうる部分を絞り込むことができます。

フィールドやメソッドに付けるアクセス修飾子

フィールドの定義に「アクセス修飾子」を付けると、フィールドへアクセスできる範囲を制限することができます。アクセス修飾子はメソッドの定義に付けることも可能で、クラス内だけで利用するメソッドとクラス外から利用できるメソッドを分けることができます。

▶ アクセス修飾子を指定したフィールドの定義

フィールドの型

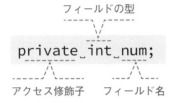

```
private_int_num;
```

アクセス修飾子　　フィールド名

▶ アクセス修飾子を指定したメソッドの定義

アクセス修飾子　戻り値の型　メソッド名　　　引数リスト

```
private_void_setAge(int_catAge)_{
____//_処理
}
```

▶ アクセス修飾子によるアクセス許可の範囲

アクセス修飾子	アクセスを許可する範囲
private	クラス内のみ
（何も書かない）	同じパッケージ内のクラス
public	すべてのクラス

アクセス修飾子は、もう1つprotectedがあります。protectedについてはChapter 8で解説します。

👍 ワンポイント アクセス修飾子を書かない場合の注意

アクセス修飾子を書かない場合、アクセス範囲は同じパッケージ内のクラスに限定されます（このアクセス権限をpackage-privateと呼びます）。ここまでは、すべてのクラスを同じパッケージに入れていたので問題ありませんでしたが、複数のパッケージをまたいで利用可能にする場合は、publicを指定しておく必要があります。

カプセル化する場合のアクセス修飾子の付け方

アクセス修飾子を使って「カプセル化」の原則にしたがったプログラムを書くことができます。まず、フィールドは必ずprivateにします。そして、クラス外からフィールドの値を参照／変更する必要がある場合のみ、publicなゲッターまたはセッターを定義します。

▶ カプセル化の原則にしたがったクラス

```
public class Cat {
    private String name; ..................... フィールドはprivateにする

    public void setName(String catName) {..... publicなセッターを用意
        name = catName;
    }

    public String getName() {..................... publicなゲッターを用意
        return name;
    }
}
```

> ゲッターやセッターをパッケージ内の
> クラスからしか使わない場合、アク
> セス修飾子なしでゲッターやセッター
> を定義することもあります。

👍 ワンポイント ソースコードファイルとクラスの定義

Javaの仕様としては、1つのソースコードファイルの中に、1つのpublicなクラスと複数のアクセス修飾子なしのクラスを定義することができます。つまりpublicなクラスは1つに限定されていますが、複数のクラスを書いてもよいということです。

ただし、1つのソースコードファイルの中に複数のクラスを定義してしまうと、そのクラスの定義がどのファイルにあるのかわかりにくくなります。ですから慣習として、1つのソースコードファイルには、1つのクラスのみを定義します。

30

[publicと複数パッケージの利用]

外部からアクセスできるpublicな
メソッドを定義しましょう

**このレッスンの
ポイント**

まずはアクセス修飾子のpublicの使い方から説明しましょう。パッケージが1つしかない場合はpublicを付けなくても別クラスからのアクセスは可能なので、ここでは複数のパッケージを作る方法もあわせて解説します。

パッケージを分ける理由

WordやExcelなどの文書ファイルを管理する場合でも、文書ファイルが多くなってきたらフォルダーを分けて整理します。Javaのクラスファイルも同様で、部品となるクラスが増えてきた場合、用途ごとのパッケージにクラスを整理して入れるのが一般的です。別パッケージのクラスから利用できるようにするためには、利用されるメソッドのアクセス修飾子はpublicにしておく必要があります。

▶ パッケージによるクラスの整理例

```
┌── systemA パッケージ
│   ├── Main クラス……systemA パッケージの Main クラス
│   └── pet パッケージ
│         ├── Cat クラス …… systemA.pet パッケージの Cat クラス
│         ├── Dog クラス …… systemA.pet パッケージの Dog クラス
│         └── その他の Pet を表すクラスなど・・・
│
├── systemB パッケージ
│   ├── Main クラス……systemB パッケージの Main クラス
│   └── pet パッケージ
│         ├── Cat クラス …… systemB.pet パッケージの Cat クラス
│         ├── Dog クラス…… systemB.pet パッケージの Dog クラス
│         └── その他の Pet を表すクラスなど・・・
```

> パッケージは
> 階層化できる

> パッケージが異なれば、
> 同じ名前のクラスを
> 定義できる

> アクセス修飾子を付けずにメソッドを
> 定義していると、他のパッケージから
> アクセスしたときにコンパイルエラーが
> 出てしまいます。

別パッケージのクラスはインポートして使う

別パッケージのクラスを利用する場合は、クラスの定義の前にimport文を書いて、どのパッケージに含まれているクラスを利用するかを指定する必要があります。

▶ import文の記述

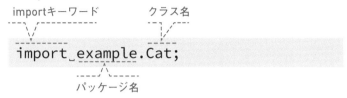

importキーワード　　　クラス名

```
import example.Cat;
```

パッケージ名

別パッケージのクラスを利用する例

このChapterのサンプルでは、exampleパッケージにCatクラスが入っていて、example2パッケージにPublicAccessSampleクラスが入っている構成とします。example2パッケージのPublicAccessSampleクラスから、exampleパッケージのCatクラスを利用するには、import文が必要です。インポート後のクラスの利用方法は、これまで説明してきた通りです。

▶ Catクラス

```
package example;

public class Cat {
    ...
}
```

▶ PublicAccessSampleクラス

```
package example2;

import example.Cat; …exampleパッケージのCatクラスを
                       インポート

public class PublicAccessSample {
    public static void main(String[] args) {
        Cat tama = new Cat();
        ...
    }
}
```

● 別パッケージからCatクラスを利用する

1 別のパッケージにクラスを作成する

Chapter 4に引き続き、Chapter4_5プロジェクトを利用し
ます。新たにexample2パッケージとPublicAccessSample

クラスを作成します。

1 [パッケージ]に「example2」と入力

2 [名前]に「PublicAccessSample」と入力

3 [public static void main(String[] args)]にチェックマークを付ける

4 [完了]をクリック

Catクラスは Chapter 4で作成したものを利用するので、
同じプロジェクトの中に異なるパッケージとクラスを作成
します。

2 別のパッケージからCatクラスのメソッドにアクセスしてみる

PublicAccessSampleクラスから Chapter 4で作成した Catクラスのメソッドにアクセスしてみましょう。最初に exampleパッケージの Catクラスをインポートします❶。mainメソッドの中でCatクラスからtamaインスタンスを生成します❷。tamaインスタンスに対し、setNameメソッドを呼び出します❸。次にtamaインスタンスに対し getNameメソッドを呼び出し、戻り値を表示します❹。同様にsetAgeメソッドとgetAgeメソッドを呼び出します❺ ❻。この段階で一度プログラムを実行してみましょう。

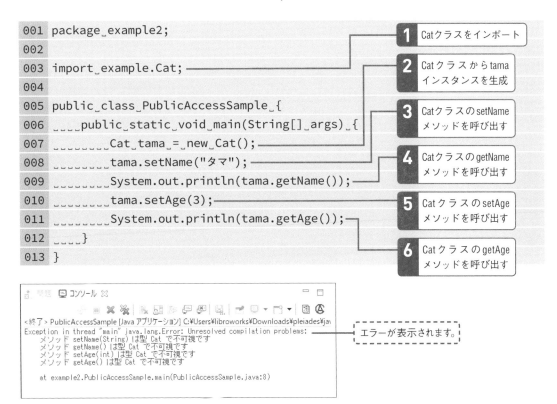

```
001  package_example2;
002
003  import_example.Cat;
004
005  public_class_PublicAccessSample_{
006  ____public_static_void_main(String[]_args)_{
007  _____Cat_tama_=_new_Cat();
008  _____tama.setName("タマ");
009  _____System.out.println(tama.getName());
010  _____tama.setAge(3);
011  _____System.out.println(tama.getAge());
012  ____}
013  }
```

1 Catクラスをインポート
2 Cat クラスから tama インスタンスを生成
3 CatクラスのsetName メソッドを呼び出す
4 Catクラスのget Name メソッドを呼び出す
5 Cat クラスの setAge メソッドを呼び出す
6 Cat クラスの getAge メソッドを呼び出す

```
<終了> PublicAccessSample [Java アプリケーション] C:¥Users¥libroworks¥Downloads¥pleiades¥ja
Exception in thread "main" java.lang.Error: Unresolved compilation problems:
    メソッド setName(String) は型 Cat で不可視です
    メソッド getName() は型 Cat で不可視です
    メソッド setAge(int) は型 Cat で不可視です
    メソッド getAge() は型 Cat で不可視です

    at example2.PublicAccessSample.main(PublicAccessSample.java:8)
```

エラーが表示されます。

このプログラムはコンパイルエラーになります。Catクラスの各メソッドにはアクセス修飾子は設定されていない（デフォルト）ので、他のパッケージからアクセスすることはできません。

3 Catクラスのメソッドをすべてpublicにする Cat.java

Chapter 4で作成したCatクラスを変更していきます。
各メソッドのメソッド定義の先頭にpublicを付けま　す❶❷❸❹❺❻❼❽。

```java
001 package_example2;
002
003 public_class_Cat_{
004 ____String_name;
005 ____int_age;
006 ____boolean_hungry;
007
008 ____public_void_eat()_{                    1 publicを付ける
009 _____System.out.println(name_+_">_ご飯を食べるよ！おいしいにゃー");
010 _____System.out.println(name_+_">_お腹が一杯になったにゃー");
011 _____hungry_=_false;
012 ____}
013
014 ____public_boolean_isHungry()_{             2 publicを付ける
015 _____return_hungry;
016 ____}
017
018 ____public_void_playToy(String_toy)_{       3 publicを付ける
019 _____System.out.println(name_+_">_"_+_toy_+_"で遊ぶよ。楽しいにゃー");
020 _____System.out.println(name_+_">_遊んでお腹が減ったにゃー");
021 _____hungry_=_true;
022 ____}
023
024 ____public_void_setName(String_catName)_{   4 publicを付ける
025 _____name_=_catName;
026 ____}
027
028 ____public_String_getName()_{               5 publicを付ける
029 _____return_name;
030 ____}
031
```

Chapter 5
壊れにくくて使いやすいクラスの作り方を学ぼう

```
032    ____public_void_setAge(int_catAge)_{ ———— 6  publicを付ける
033    _____age_=_catAge;
034    ____}
035
036    ____public_int_getAge()_{ ———————— 7  publicを付ける
037    _____return_age;
038    ____}
039
040    ____public_void_introduceMyself()_{ ———— 8  publicを付ける
041    _____String_n_=_getName();
042    _____int_a_=_getAge();
043
044    _____System.out.println("名前は"_+_n_+_"です、"_+_a_+_"歳です。");
045
046    ____}
047 }
```

4 publicなメソッドにアクセスする

再度、手順2で作成したプログラムを実行してみ
ましょう。今度はエラーにならず実行することが

できます。

```
              コンソール  ✕                                    ▭  ◻
                    ⬛ ✖ ✖ | ▦ ▦ ▥ | ⬚ | ⬚ ▭ ▾ ◻ ▾ | ▣ Ⓐ
<終了> PublicAccessSample [Java アプリケーション] C:¥pleiades-2019-06-java-win-64bit-jre_2019(
タマ
3
```

Lesson
31
[アクセス修飾子：private]
クラス内からしかアクセスできない
メソッドを作りましょう

このレッスンの
ポイント

メソッドの定義にprivateを付けると、クラス内でしか利用できなくなります。外部から利用できないと意味がないと感じるかもしれませんが、privateなメソッドはクラス内の重複した処理をまとめるために使われます。

→ privateなメソッドの利用

privateなメソッドは、複数のメソッドに同じような処理が重複して記述されている場合に、重複部分を共通化するために使います。例えば、前のLessonのCatクラスの各メソッドには、メッセージの前に「名前 >」を付ける処理があります。これをprivateなメソッドにまとめれば、同じ処理を何度も書かなくて済みます。また、この処理を変更する場合も、1つのメソッドを直すだけで済むようになります。

▶ 各メソッドでメッセージを表示している処理

```
public_void_eat()_{
____System.out.println(name_+_">_ご飯を食べるよ！おいしいにゃー");
____System.out.println(name_+_">_お腹が一杯になったにゃー");
____……中略……

public_void_playToy(String_toy)_{
____System.out.println(name_+_">_"_+_toy_+_"で遊ぶよ。楽しいにゃー");
____System.out.println(name_+_">_遊んでお腹が減ったにゃー");
____……中略……
}
```

▶ privateなメソッドにまとめる

```
private_void_printMessage(String_message)_{
____System.out.println(name_+_">_"_+_message);
}
```

privateなメソッドを定義する

1 | privateなメソッドを定義する `Cat.java`

それでは、実際にprivateなprintMessageメソッドを定義して、呼び出しを行う形にプログラムを改良してみましょう。printMessageメソッドを定義し、メソッド定義の先頭にprivateを付けます❶。printMessageメソッドは引数で渡されたメッセージの行頭に、nameフィールドに設定されている値を付けて表示します❷。

```
001  package_example;
002
003  public_class_Cat_{
004  ____String_name;
005  ____int_age;
006  ____boolean_hungry;
007
008  ____private_void_printMessage(String_message)_{
009  _____System.out.println(name_+_">_"_+_message);
010  ____}
011
012  ____public_void_eat()_{
013  _____System.out.println(name_+_">_ご飯を食べるよ！おいしいにゃー");
014  _____System.out.println(name_+_">_お腹が一杯になったにゃー");
015  _____hungry_=_false;
016  ____}
        ……中略……
051  }
```

1 private な printMessage メソッドを定義

2 メッセージを表示

2 | privateなメソッドを使ってメッセージを表示するように変更する

Catクラスのeatメソッド、playToyメソッド、introduceMyselfメソッドではSystem.out.printlnメソッドを使ってメッセージを表示していますが、これを手順1で定義したprintMessageメソッドを呼び出して出力するよ

うにそれぞれ変更します❶❷❸❹❺。また、printMessageメソッドでnameフィールドを参照しているので、printMessageメソッドを呼び出す際、nameフィールドの値を引数で渡す必要はありません。

Chapter 5

壊れにくくて使いやすいクラスの作り方を学ぼう

```
001  package example;
002
003  public class Cat {
004      String name;
005      int age;
006      boolean hungry;
007
008      private void printMessage(String message) {
009          System.out.println(name + "> " + message);
010      }
011
012      public void eat() {
013          printMessage("ご飯を食べるよ！おいしいにゃー");
014          printMessage("お腹が一杯になったにゃー");
015          hungry = false;
016      }
017
018      public boolean isHungry() {
019          return hungry;
020      }
021
022      public void playToy(String toy) {
023          printMessage(toy + "で遊ぶよ。楽しいにゃー");
024          printMessage("遊んでお腹が減ったにゃー");
025          hungry = true;
026      }
          ……中略……
047
048      public void introduceMyself() {
049          printMessage("名前は" + getName() + "です、" + getAge() + "歳です。");
050      }
051  }
```

1 printMessageメソッドを呼び出す

2 printMessageメソッドを呼び出す

3 printMessageメソッドを呼び出す

4 printMessageメソッドを呼び出す

5 printMessageメソッドを呼び出す

3 Catクラスのメソッドを利用する `PublicAccessSample.java`

PublicAccessSampleクラスを以下のように修正し、　　 ログラムを実行してみましょう。
Catクラスのメソッドを呼び出します❶❷❸。このプ

```java
001  package example2;
002
003  import example.Cat;
004
005  public class PublicAccessSample {
006      public static void main(String[] args) {
007          Cat tama = new Cat();
008          tama.setName("タマ");
009          tama.setAge(3);
010
011          tama.eat();
012          tama.playToy("ボール");
013          tama.introduceMyself();
014      }
015  }
```

1 eatメソッドを呼び出す
2 playToyメソッドを呼び出す
3 introduceMyselfメソッドを呼び出す

```
問題  コンソール ☒

<終了> PublicAccessSample [Java アプリケーション] C:¥pleiades-2019-06-java-win-64bit-jre_20190
タマ> ご飯を食べるよ！おいしいにゃー
タマ> お腹が一杯になったにゃー
タマ> ボールで遊ぶよ。楽しいにゃー
タマ> 遊んでお腹が減ったにゃー
タマ> 名前はタマです、3歳です。
```

メッセージが表示されます。

Catクラスでprint Messageメソッドを使っても、
利用する側から見ると、実行結果は変わりありま
せんが、Catクラス内の処理は整理されました。

4 privateなメソッドに別クラスからアクセスするとエラーになる

今度はtamaインスタンスに対し、printMessageメソッドを呼び出してみましょう❶。Catクラスで、printMessageメソッドはprivateなメソッドとして定義されているので、別クラスや別パッケージからは呼び出すことができません。このプログラムを実行するとコンパイルエラーとなります。

```
001 package example2;
002
003 import example.Cat;
004
005 public class PublicAccessSample {
006     public static void main(String[] args) {
007         Cat tama = new Cat();
008         tama.setName("タマ");
009         tama.setAge(3);
010
011         tama.eat();
012         tama.playToy("ボール");
013         tama.introduceMyself();
014         tama.printMessage("にゃー");
015     }
016 }
```

1 printMessageメソッドを呼び出す

```
PublicAccessSample.java
1  package example2;
2
3  import example.Cat;
4
5  public class PublicAccessSample {
6      public static void main(String[] args) {
7          Cat tama = new Cat();
8          tama.setName("タマ");
9          tama.setAge(3);
10
11         tama.eat();
12         tama.playToy("ボール");
13         tama.introduceMyself();
14         メソッド printMessage(String) は型 Cat で不可視です
15     }
16 }
```

エラーが表示されます。

Lesson 32 ［privateフィールド］

フィールドをprivateにしましょう

**このレッスンの
ポイント**

いよいよカプセル化の中心となるフィールドのprivate化に挑戦しましょう。基本的にはフィールド定義にprivateを付けるだけです。すでにセッター／ゲッターは作成済みなので、それだけでカプセル化は完成します。

privateなフィールドの定義

フィールド定義のアクセス修飾子としてprivateを付けると、クラス外からフィールドにアクセスできなくなります。アクセス修飾子を付けたフィールド定義

の書式はLesson 01でも説明しましたが、もう一度確認しておきましょう。

▶ privateフィールドの定義

```
private String name;
```

アクセス修飾子　フィールドの型　フィールド名

> privateを付けない場合、同パッケージ内であれば別クラスからもアクセス可能でした。privateを付けると、別クラスからのアクセスはすべてブロックされます。

● フィールドへのアクセス制御

1 フィールドをprivateにする `Cat.java`

フィールドを privateにして、Catクラスをカプセル化
してみましょう。Catクラスのフィールドの定義の先

頭にprivateを付けます❶。

```
001 package_example;
002
003 public_class_Cat_{
004 ____private_String_name;
005 ____private_int_age;
006 ____private_boolean_hungry;
     ……後略……
```

1 private修飾子を付ける

Point privateなフィールドとセッター／ゲッター

Chapter 4でセッターとゲッターについて学習
しました。セッターはフィールドに値を設定
するための、ゲッターはフィールドの値を取
得するためのメソッドでした。これまでのプ
ログラムでは、同パッケージ内ならば、別ク

ラスからフィールドに直接アクセスすること
もできました。しかし、ここではフィールド
にprivateを付けたため、セッターやゲッター
を使わなければ、別クラスからフィールドの
値を読み書きすることはできません。

カプセル化されたクラスにアクセスする

exampleパッケージに新たにEncapsulationSampleク
ラスを作成します。
mainメソッドの中で、Catクラスからtamaインスタン
スを生成します❶。tamaインスタンスに対し、

setNameメソッドを呼び出します❷。tamaインスタ
ンスに対しgetNameメソッドを呼び出します❸。
このプログラムを実行してみましょう。

```
001  package example;
002
003  public class EncapsulationSample {
004      public static void main(String[] args) {
005          Cat tama = new Cat();
006          tama.setName("タマ");
007          System.out.println(tama.getName());
008      }
009  }
```

1 tamaインスタンスを生成

2 setName メソッドを
呼び出す

3 getName メソッドを
呼び出す

```
🖥 コンソール ⊠                                       ⬜ 🗖
     ⬜ 🗙 🗙 | 🔳 🔳 🔳 🔳 | 🔳 | 🔳 🔳 ▾ 🔳 ▾ | 🔳 Ⓐ
<終了> EncapsulationSample (1) [Java アプリケーション] C:¥pleiades-2019-03-java-win-64bit-jre_2
タマ
```

> ここで**main**メソッドを持つクラスを新たに作成しているのは、
> 「**private化によって同パッケージ内でもアクセスが禁止される**」
> ことを確認するためです。前のLessonで作成したexample2パ
> ッケージ内の**PublicAccessSample.java**もセッター／ゲッタ
> ーを介してアクセスする形にしているので、問題なく動作します。

3 privateなフィールドに別クラスからアクセスするとエラーになる

今度はtamaインスタンスのnameフィールドにアクセスしてみましょう。8、9行目をコメントアウトします**❶**。tamaインスタンスのnameフィールドに「タマ」を代入し**❷**、nameフィールドを参照して出力するようにしてみましょう**❸**。このプログラムを実行するとコンパイルエラーになります。

nameフィールドはCatクラスでprivateなフィールドとして定義されているので、別クラスからはアクセス（代入、参照）することができません。

```
001 package example;
002
003 public class EncapsulationSample {
004     public static void main(String[] args) {
005         Cat tama = new Cat();
006         // tama.setName("タマ");
007         // System.out.println(tama.getName());
008         tama.name = "タマ";
009         System.out.println(tama.name);
010     }
011 }
```

❶ コメントアウト（006, 007行目）
❷ コンパイルエラーになる（008行目）
❸ コンパイルエラーになる（009行目）

```
Cat.java    EncapsulationSample.java
  1  package example;
  2
  3  public class EncapsulationSample {
  4
  5      public static void main(String[] args) {
  6          Cat tama = new Cat();
  7          // tama.setName("タマ");
  8          // System.out.println(tama.getName());
  9          tama.name="タマ";
 10                                          (tama.name);
 11      }
 12  }
 13
 14
```

フィールド Cat.name は不可視です

同パッケージ内でもprivateを付けたフィールドにはアクセスできないことが確認できました。同パッケージ、別パッケージを問わず、セッター／ゲッターを介してアクセスすることが望ましいです。

Chapter 5
壊れにくくて使いやすいクラスの作り方を学ぼう

Lesson 33

[オーバーロード]

メソッドのオーバーロードを
使ってみましょう

このレッスンの
ポイント

ここからはカプセル化ではなく、クラスやメソッドを便利にするためのルールについて説明していきます。今回説明するオーバーロード（多重定義）は、同名のメソッドを定義することです。さまざまな引数に対応するメソッドを作ることができます。

引数違いの同名メソッドを定義できるオーバーロード

Javaでは、引数の型、数、並び順が異なれば、同じ名前のメソッドを定義することができます。この機能をオーバーロード（多重定義）と呼びます。引数違いのメソッドが必要な場合、オーバーロードがなかったら異なる名前のメソッドを複数作らなければいけません。使う側からすると覚えるメソッドの数が増える上に、「addIntAndIntメソッド」「addDoubleAndDouble」メ

ソッドのように名前も長くなってさらに覚えにくくなります。オーバーロードを使用した場合、引数が違っていても、同じ目的のメソッドを1つの名前にすることができます。もちろんメソッドは引数ごとに複数定義しなければいけませんが、メソッドを使う側に親切な仕組みなのです。

▶ オーバーロードによってメソッド名が1つになる

別名のメソッド

addIntAndInt(int, int) メソッド
addIntAndIntAndInt(int, int, int) メソッド
addDoubleAndDouble(double, double) メソッド

同名で引数の型や数が異なるメソッド

add(int, int) メソッド
add(int, int, int) メソッド
add(double, double) メソッド

実はこれまで呼び出してきたSystem.out.printlnメソッドも、オーバーロードされたメソッドです。オーバーロードのおかげで、String型やint型、double型といったさまざまな型の値を表示できます。

Chapter 5

壊れにくくて使いやすいクラスの作り方を学ぼう

オーバーロードされたメソッドの定義

オーバーロードのために特殊なルールを覚える必要はありません。引数の型、数、順番を変えて同名のメソッドを定義するだけです。

逆にオーバーロードとして認められないのは、引数の型、数、順番が同じで引数名だけを変えた場合と、戻り値の型だけを変えた場合です。これらはオーバーロードの条件に含まれないため、単に重複したメソッドを定義したと見なされ、コンパイルエラーになります。

戻り値の型はチェックされないため、引数に合わせて変えることも可能です。

▶ オーバーロードの例

```
public_class_OverloadSample_{
____//_addメソッド_①
____public_int_add(int_i1,_int_i2)_{ … int型の引数を2つ受け、加算した結果を返す
_____return_i1_+_i2;
____}

____//_addメソッド②
____public_int_add(int_i1,_int_i2,_int_i3)_{ ……… int型の引数を3つ受け、
                                                加算した結果を返す
_____return_i1_+_i2_+_i3;
____}

____//_addメソッド③
____public_double_add(double_d1,_double_d2)_{ …… double型の引数を2つ受け、
                                                加算した結果を返す
_____return_d1_+_d2;
____}
}
```

> ここでは「int型の引数2つ」「int型の引数3つ」「double型の引数2つ」の3種類のaddメソッドを定義しています。3つ目のaddメソッドでは引数に合わせて戻り値をdouble型にしています。

● メソッドのオーバーロードを使ってみる

1 Catクラスのメソッドを多重定義する `Cat.java`

現在Catクラスには、引数を取らないeatメソッドが定義されています❶。このメソッドをオーバーロードした、String型の引数を取るeatメソッドを追加します❷。

同様に、既存のplayToyメソッド❸をオーバーロードした、引数を取らないplayToyメソッドを追加します❹。

```
001 package example;
002
003 public class Cat {
    ……中略……
007
008     private void printMessage(String message) {
009         System.out.println(name + "> " + message);
010     }
011
012     public void eat() {
013         printMessage("ご飯を食べるよ！おいしいにゃー");
014         printMessage("お腹が一杯になったにゃー");
015         hungry = false;
016     }
017
018     public void eat(String food) {
019         printMessage(food + "を食べるよ！おいしいにゃー");
020         printMessage("お腹が一杯になったにゃー");
021         hungry = false;
022     }
023
024     public boolean isHungry() {
025         return hungry;
026     }
027
028     public void playToy(String toy) {
029         printMessage(toy + "で遊ぶよ。楽しいにゃー");
```

1 void eat()メソッドの定義

2 void eat(String food) メソッドの定義

3 void playToy(String toy)メソッドの定義

```
028 _____printMessage("遊んでお腹が減ったにゃー");
029 _____hungry_=_true;
030 _____}
031
032 _____public_void_playToy()_{
033 _____printMessage("おもちゃで遊ぶよ。楽しいにゃー");
034 _____printMessage("遊んでお腹が減ったにゃー");
035 _____hungry_=_true;
036 _____}
    ……後略……
```

4 void playToy() メソッドの定義

2 定義したメソッドを呼び出す OverloadSample.java

exampleパッケージに新たにOverloadSampleクラスを作成します。Catクラスのeatメソッドを呼び出します❶。次にオーバーロードして定義したeatメソッドを呼び出します❷。同じようにCatクラスのplayToyメソッドとオーバーロードしたplayToyメソッドを呼び出します❸ ❹。このプログラムを実行してみましょう。

```
001 package_example;
002
003 public_class_OverloadSample_{
004 ____public_static_void_main(String[]_args)_{
005 _____Cat_tama_=_new_Cat();
006 _____tama.setName("タマ");
007 _____tama.setAge(3);
008
009 _____System.out.println("---_tama.eat()を呼び出す_---");
010 _____tama.eat();
011
012 _____System.out.println();
013 _____System.out.println("---_tama.eat(¥"贅沢なキャットフード¥")を呼び出す_---");
014 _____tama.eat("贅沢なキャットフード");
015
016 _____System.out.println();
017 _____System.out.println("---_tama.playToy(¥"ボール¥")を呼び出す_---");
```

1 Cat クラスの eat() メソッドを呼び出す

2 Cat クラスの eat(String food) メソッドを呼び出す

Chapter 5 壊れにくくて使いやすいクラスの作り方を学ぼう

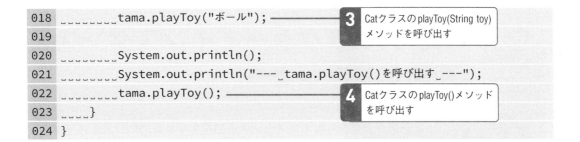

```
018 ＿＿＿＿＿＿＿tama.playToy("ボール");
019
020 ＿＿＿＿＿＿＿System.out.println();
021 ＿＿＿＿＿＿＿System.out.println("---＿tama.playToy()を呼び出す＿---");
022 ＿＿＿＿＿＿＿tama.playToy();
023 ＿＿＿＿}
024 }
```

3 Catクラスのplaytoy(String toy)メソッドを呼び出す

4 Catクラスのplaytoy()メソッドを呼び出す

```
問題 □ コンソール ※                                          □  □
■ ■ ✕ ✕ ┃ ┃ ┃ ┃ ┃ ┃ ┃ ┃ ┃ ┃ ┃ ┃ □ ▼ □ ▼ □   ❷ Ⓐ
<終了> OverloadSample [Java アプリケーション] C:¥pleiades-2019-03-java-win-64bit-jre_20190508
├-- tama.eat()を呼び出す ---
タマ> ご飯を食べるよ！おいしいにゃー
タマ> お腹が一杯になったにゃー

--- tama.eat("贅沢なキャットフード")を呼び出す ---
タマ> 贅沢なキャットフードを食べるよ！おいしいにゃー
タマ> お腹が一杯になったにゃー

--- tama.playToy("ボール")を呼び出す ---
タマ> ボールで遊ぶよ。楽しいにゃー
タマ> 遊んでお腹が減ったにゃー

--- tama.playToy()を呼び出す ---
タマ> おもちゃで遊ぶよ。楽しいにゃー
タマ> 遊んでお腹が減ったにゃー
```

通常だと引数を取るメソッドを引数なしで呼び出したり、その逆をしたりするとコンパイルエラーになります。オーバーロードされたメソッドの定義によって、どちらの形でも呼び出せるようになったのです。

👍 ワンポイント メソッドの再利用

上記のサンプルでは、オーバーロードしたメソッドが元のメソッドとほとんど似たような処理を行っていました。このような場合、実際の処理を1つのメソッドにまとめておけば、似たような処理を重複して書かずに済みます。以下の例は、引数なしのeatメソッドが呼び出された場合、引数に常に"ご飯"を設定して引数を取るeatメソッドを呼び出します。上記のプログラムと実行結果は同じですが、より短い記述になっています。

```
＿＿＿＿＿＿前略＿＿＿＿＿＿
＿＿＿＿public＿void＿eat()＿{
＿＿＿＿＿＿＿＿eat("ご飯");
＿＿＿＿}

＿＿＿＿public＿void＿eat(String＿food)＿{
＿＿＿＿＿＿＿＿printMessage(food＿+＿"を食べるよ！おいしいにゃー");
＿＿＿＿＿＿＿＿printMessage("お腹が一杯になったにゃー");
＿＿＿＿＿＿＿＿hungry＿=＿false;
＿＿＿＿}
＿＿＿＿＿＿後略＿＿＿＿＿＿
```

引数を取るeatメソッドを呼び出して処理をまかせる

コンストラクターでインスタンスを初期化しましょう

このレッスンの
ポイント

コンストラクターはインスタンスを初期化するための特殊なメソッドです。インスタンスを生成したあとでフィールドに値を設定する代わりに、インスタンス作成と一緒に初期値を指定できます。これもクラスの扱いを便利にする仕組みの1つです。

→ コンストラクターを使うメリット

コンストラクターは、インスタンスが生成されるタイミングで呼び出される特殊なメソッドです。インスタンスを生成する際に必ず行わせたい初期処理がある場合、クラスにコンストラクターを定義してその中に初期処理を書きます。コンストラクターは引数を取ることもできます。例えば、これまではCatイ

ンスタンスを生成して、そのインスタンスのname、ageフィールドに値を設定したい場合、セッターを呼び出していました。コンストラクターを使うと、インスタンス生成時に引数として初期値を渡すことができます。

▶ これまでの処理

```
Cat_tama_=_new_Cat();········ Catインスタンスを生成
tama.setName("タマ");········ セッターを使って、
                            インスタンスのnameフィールドに値("タマ")を設定
tama.setAge(3);··············· セッターを使って、
                            インスタンスのageフィールドに値(3)を設定
```

▶ コンストラクターを使った場合

```
____Cat_tama_=_new_Cat("タマ",_3);······ コンストラクター「Cat(String n, int
                                      a)」を使ってCatインスタンスを生成
```

これまではインスタンスを実際に利用する前に初期値を設定する処理が必要でしたが、コンストラクターを使えば一気に準備を完了できます。

→ コンストラクターの定義

コンストラクターの定義は通常のメソッドの定義と似ています。違いは、メソッド名は必ずクラス名と同じものにする点と、戻り値の型の指定を書かない点です。メソッド名をクラス名と同じ名前にしないと、コンパイルエラーになります。また、戻り値の型を記述してしまうと、コンストラクターではなく通常のメソッドを定義したことになってしまうので、注意しましょう。

▶ コンストラクターの定義

アクセス修飾子　　クラス名　　　　引数リスト

```
public_Cat(String_n,_int_a)_{
____//_通常のメソッドと同じように処理を記載
{
```

▶ コンストラクターの定義例

```
public_class_Cat_{
____//_name、ageフィールドの定義
____//_（省略）
____public_Cat(String_n,_int_a)_{ ……… Catクラスのコンストラクターの定義
_____name_=_n; …………… 引数nで受け取った値をnameフィールドに代入
_____age_=_a; …………… 引数aで受け取った値をageフィールドに代入
____}
}
```

▶ コンストラクターを利用したインスタンス生成

```
Cat_tama_=_new_Cat("タマ",_3); ………… インスタンス生成時に引数で初期値を指定
```

> 実はコンストラクターを定義していない場合でも、デフォルトコンストラクターというものが自動的に作成されます。それについては次のLessonで解説します。

➔ 「このインスタンス」を表すthisキーワード

コンストラクターでフィールドを初期化する際に、注意すべき点があります。

次のサンプルコードを見てみましょう。引数を受けた値でフィールドを初期化するコンストラクターの例ですが、引数の変数名がフィールドの変数名と同じになっています。このように、Javaではフィールド名と同じ名前のローカル変数が定義できます。ただし、フィールド名と同じ名前のローカル変数がある場合、ローカル変数へのアクセスとなります。

フィールド名と同じ名前のローカル変数がある場合に、フィールドにアクセスしたいときは、明示的に「this.フィールド名」と記述する必要があります。これまで、クラスのフィールドへのアクセス（代入、参照）は、通常の変数にアクセスする場合と同様に記述していましたが、実はこれは「this.フィールド名」の省略形の記述方法であるということも、覚えておきましょう。

▶ thisを利用する例

```
public_class_Cat_{
_____private_String_name;
_____private_int_age;


_____public_Cat(String_name,_int_age)_{
_____System.out.println(name);          nameは、引数で渡された
                                           ローカル変数nameを示す
_____System.out.println(this.name);     this.nameは、nameフィールドを示す
_____this.name_=_name;                  引数で受けたローカル変数nameを
                                           nameフィールドに代入
_____this.age_=_age;                     同様に、引数のローカル変数ageを
                                           ageフィールドに代入

_____//_以下の記述だと、フィールドには設定されない
_____//_name_=_name;
_____//_age_=_age;
_____}
}
```

> thisはコンストラクターだけでなくメソッド内でも利用できます。ローカル変数と名前が重複する場合など、「このインスタンスのフィールド／メソッド」を指すことを明示する必要があるときに使います。

Chapter 5

壊れにくくて使いやすいクラスの作り方を学ぼう

● コンストラクターを使う

1 引数のないコンストラクターを定義する Cat.java

Catクラスに引数のないCatコンストラクターを定義
します❶。コンストラクターの中ではまずメッセー
ジを表示します❷。

次にnameフィールドとageフィールドに値を代入しま
す❸❹。

```
001  package_example;
002
003  public_class_Cat_{
004  ____private_String_name;
005  ____private_int_age;
006  ____private_boolean_hungry;
007
008  ____public_Cat()_{
009  _____System.out.println("コンストラクター:Cat()が呼び出された");
010  _____this.name_=_"まだない";
011  _____this.age_=_0;
012  ____}
013
014  ____private_void_printMessage(String_message)_{
015  _____System.out.println(name_+_">_"_+_message);
016  ____}
       ……後略……
```

1 コンストラクターを定義

2 メッセージを表示

3 nameフィールドに代入

4 ageフィールドに代入

> コンストラクターは引数なしで定義することもできます。
> その場合は、フィールドの初期値を設定する処理を
> 行います。ここではコンストラクターの呼び出しを確
> 認できるよう、メッセージも表示しています。

2 引数のないコンストラクターを呼び出す　`ConstructorSample.java`

Catクラスと同じパッケージに、新たにConstructor Sampleクラスを作成します。
インスタンスを生成し、手順1で定義した引数のないCatコンストラクターを呼び出します❶。introduce

Myselfメソッドを呼び出します❷。その後セッターで名前と年齢を設定します❸ ❹。最後にもう一度introduceMyselfメソッドを呼び出します❺。
このプログラムを実行します。

```java
001 package example;
002
003 public class ConstructorSample {
004     public static void main(String[] args) {
005         System.out.println("--- new Cat()でインスタンスを生成する ---");
006         Cat tama = new Cat();
007
008         System.out.println();
009         System.out.println("--- setName/setAgeする前に、自己紹介させる ---");
010         tama.introduceMyself();
011
012         tama.setName("タマ");
013         tama.setAge(3);
014
015         System.out.println();
016         System.out.println("--- setName/setAgeしたあとで、自己紹介させる ---");
017         tama.introduceMyself();
018     }
019 }
```

006・007 **1** インスタンスを生成、コンストラクターを呼び出す
010 **2** introduceMyselfメソッドを呼び出す
012 **3** setNameメソッドを呼び出す
013・014 **4** setAgeメソッドを呼び出す
017 **5** introduceMyselfメソッドを呼び出す

```
＜終了＞ ConstructorSample [Java アプリケーション] C:¥pleiades-2019-03-java-win-64bit-jre_201905
--- new Cat()でインスタンスを生成する ---
コンストラクター:Cat()が呼び出された

--- setName/setAgeする前に、自己紹介させる ---
まだない＞ 名前はまだないです、0歳です。
まだない＞ お腹はすいてないにゃー！

--- setName/setAgeした後で、自己紹介させる ---
タマ＞ 名前はタマです、3歳です。
```

引数のないコンストラクターによって、「まだない」という名前と「0歳」が設定されていることが確認できます。

Chapter 5 壊れにくくて使いやすいクラスの作り方を学ぼう

3 引数のあるコンストラクターを定義する Cat.java

次に引数が2つのCatコンストラクターを定義します❶。1つ目のコンストラクターと同様にフィールドに値を代入しますが、引数で渡された値を代入する点が異なっています❷❸。

```
001  package example;
002
003  public class Cat {
004      private String name;
005      private int age;
006      private boolean hungry;
007
008      public Cat() {
009          System.out.println("コンストラクター:Cat()が呼び出された");
010          this.name = "まだない";
011          this.age = 0;
012      }
013
014      public Cat(String name, int age) {
015          System.out.println("コンストラクター:Cat(String name, int age)が呼び出された");
016          this.name = name;
017          this.age = age;
018      }
019
020      private void printMessage(String message) {
021          System.out.println(name + " > " + message);
022      }
          ……後略……
```

1 引数のあるコンストラクターを定義

2 引数nameをnameフィールドに代入

3 引数ageをageフィールドに代入

Chapter 5 壊れにくくて使いやすいクラスの作り方を学ぼう

4 引数があるコンストラクターを呼び出す ［ConstructorSample.java］

次は引数のあるコンストラクターを呼び出します。ConstructorSampleクラスの5行目から17行目までを削除します。

引数を指定してインスタンスを生成し、Catコンストラクターを呼び出します❶。introduceMyselfメソッドを呼び出します❷。

```
001 package_example;
002
003 public_class_ConstructorSample_{
004 ____public_static_void_main(String[]_args)_{
005 _____System.out.println("---_new_Cat(¥"タマ¥",_3)でインスタンスを生成する_---");
006 _____Cat_tama_=_new_Cat("タマ",_3);      ① インスタンスを生成、コンストラクターを呼び出す
007
008 _____System.out.println();
009 _____System.out.println("---_インスタンス生成直後、自己紹介させる_---");
010 _____tama.introduceMyself();      ② introduceMyselfメソッドを呼び出す
011 ____}
012 }
```

```
<終了> ConstructorSample [Java アプリケーション] C:¥pleiades-2019-03-java-win-64bit-jre_201905
--- new Cat("タマ", 3)でインスタンスを生成する ---
コンストラクター:Cat(String name, int age)が呼び出された

--- インスタンス生成直後、自己紹介させる ---
タマ> 名前はタマです。3歳です。
```

Point コンストラクターによるフィールドの値の設定

手順1、2のプログラムでは、引数のないコンストラクターを使ってインスタンスを生成し、セッターを使ってフィールドの値を設定しています。手順3、4ではフィールドの値を引数で渡して設定するようなコンストラクターを用意し、セッターを使わずにフィールドに値を設定できるようにしました。引数があるコンストラクターのほうが処理が少なくなります。

Chapter 5
壊れにくくて使いやすいクラスの作り方を学ぼう

デフォルトコンストラクターについて学びましょう

このレッスンの
ポイント

クラスに1つもコンストラクターが定義されていない場合、デフォルトコンストラクターというコンストラクターが暗黙的に追加されます。この挙動を理解していないと、思わぬエラーに遭遇することがあります。

自動的に追加されるデフォルトコンストラクター

コンストラクターを1つも定義していない場合、Javaはデフォルトコンストラクターというものを暗黙的に追加します。デフォルトコンストラクターは、引数もなく、中の処理もないコンストラクターです。インスタンス生成時に、特別なことは何もしないのですが、これがないと引数なしでインスタンスを生成することができません。引数のあるコンストラクターを追加した場合は1つ注意が必要です。コンストラクターを1つでも追加すると、デフォルトコンストラクターは追加されません。そのため、引数で値を指定してインスタンスを生成できるようになった代わりに、引数なしでインスタンスを生成できなくなってしまいます。

▶ デフォルトコンストラクターの挙動

コンストラクターが1つもない場合

Cat クラス型

```
┌──────────┐
│ デフォルト    │  暗黙的に生成
│ コンストラクター │
└──────────┘
```

```
Cat tama = new Cat();
```
引数なしでインスタンスを生成できる

引数のあるコンストラクターがある場合

Cat クラス型

```
Cat(String n, int a)
```
デフォルトコンストラクターは生成されない

```
 Cat tama = new Cat("タマ",3);
✕Cat pochi = new Cat();
```
引数なしでインスタンスを生成できない

前はできていた引数なしでのインスタンス生成ができなくなるので、事情を知らないと戸惑いますね。

コンストラクターをオーバーロードしておく

この問題を解決するには、引数のないコンストラクターも追加します。コンストラクターもメソッドの一種なので、引数の指定が違っていればオーバーロード（多重定義）できます。特に初期化の必要がなければ、コンストラクターの中身は空でもかまいません。

▶ デフォルトコンストラクターがないことによるエラーの例

```
 Cat.java     EncapsulationSample.java ☒
  1  package example;
  2
  3  public class EncapsulationSample {
  4
  5      public static void main(String[] args) {
  6          Cat mike = new Cat("mike");
  7  コンストラクター Cat() は未定義です     ();
  8
  9
 10  }
 11
```

引数ありのコンストラクターのみが定義された状態で、「new Cat();」のように引数なしでインスタンスを生成しようとすると……。

▶ 引数のないコンストラクターも定義する

```
package_example;

public_class_Cat_{
____private_String_name;

____public_Cat(String_name)_{  ·····引数のあるコンストラクターを定義
_____this.name_=_name;
____}

____public_Cat(){ ·················引数数のないコンストラクターを定義
____}
}
```

「このクラスは引数なしでのインスタンス生成は許さない」という方針であれば、引数のあるコンストラクターのみを定義してもかまいません。ただ、一般的には引数なしでもインスタンス生成できたほうが親切でしょう。

36

[this()]

コンストラクターの定義を整理しましょう

このレッスンの
ポイント

オーバーロードしたコンストラクター内の初期化処理が重複する場合は、一番引数が多いコンストラクターに初期化処理をまとめましょう。他のコンストラクターは、一番引数が多いものを呼び出して初期化します。

→ this()で他のコンストラクターを呼び出す

コンストラクターをさまざまな引数に対応できるようオーバーロード（多重定義）していると、似たような初期化処理が増えてしまいます。その場合は、実際の初期化処理を1つのコンストラクターにまとめ、それを他のコンストラクターから呼び出すようにす

れば処理をまとめられます。
同じクラスの別のコンストラクターを呼び出すには、this()という特別なキーワードを使います。this()は、コンストラクターの中で先頭に記述しなくてはならないという決まりがあります。

▶ this()の利用例

```
public_class_Cat_{
   ……中略……


____public_Cat(String_name,_int_age)_{ ····名前と年齢を指定する
                                          コンストラクター
_____this.name_=_name;
_____this.age_=_age;
____}


____public_Cat(String_name)_{·············名前のみのコンストラクター
_____this(name,_-1);··················処理は他のコンストラクター
                                           にまかせる
____}
}
```

this()のあとに処理を書くことはできますが、this()の前に処理を書くとエラーになります。

● this()の利用

<big>**1**</big> | **this()を使って他のコンストラクターを呼び出す** `Cat.java`

this()を使ってオーバーロードした別のコンストラクターを呼び出すことができます。引数が1つのコンストラクターから引数が2つのコンストラクターを呼び出します❶。

```
001  package example;
002
003  public class Cat {
004      private String name;
005      private int age;
006      private boolean hungry;
007
008      public Cat() {
009          System.out.println("コンストラクター:Cat()が呼び出された");
010          this.name = "まだない";
011          this.age = 0;
012      }
013
014      public Cat(String name, int age) {
015          System.out.println("コンストラクター:Cat(String name, int age)が呼び出された");
016          this.name = name;
017          this.age = age;
018      }
019
020      public Cat(String name) {
021          this(name, 0);
022          System.out.println("コンストラクター:Cat(String name)が呼び出された");
023      }
024
025      private void printMessage(String message) {
026          System.out.println(name + "> " + message);
       ……後略……
```

❶ **1** 引数が2つのコンストラクターを呼び出す

2 実行してみる `ConstructorSample.java`

ConstructorSampleクラスを下記のように修正します。
メッセージを修正します❶。引数が1つのコンストラ
クターを呼び出します❷。
プログラムを実行してみましょう。

```
001  package_example;
002
003  public_class_ConstructorSample_{
004  ____public_static_void_main(String[]_args)_{
005  _____System.out.println("---_new_Cat(¥"タマ¥")でインスタンスを生成する
      _---");
006  _____Cat_tama_=_new_Cat("タマ");
007
008  _____System.out.println();
009  _____System.out.println("---_インスタンス生成直後、自己紹介させる_---");
010  _____tama.introduceMyself();
011  ____}
012  }
```

1 メッセージを修正

2 コンストラクターを呼び出し

```
🗔 🖳 コンソール 🖾
<終了> ConstructorSample [Java アプリケーション] C:¥Users¥libroworks¥Downloads¥pleiades¥java
--- new Cat("タマ")でインスタンスを生成する ---
コンストラクター:Cat(String name, int age)が呼び出された
コンストラクター:Cat(String name)が呼び出された

--- インスタンス生成直後、自己紹介させる ---
タマ> 名前はタマです、0歳です。
```

引数が2つのコンストラクターが実行された
あと、引数が1つのコンストラクターが実行
されます。

Point コンストラクターのオーバーロードと再利用

this()を使うことにより、コンストラクターを
再利用してプログラムの読みやすさを保ちな
がら、引数の数によって初期値処理の設定
値を変えることができます。

ここでは引数が名前のみのコンストラクター
を定義し、名前と年齢を引数に取るコンスト
ラクターをthis()を利用して呼び出しています。
名前のみのコンストラクターでは猫の年齢は
0にします。

37 [final、static] その他の修飾子について学びましょう

このレッスンの
ポイント

> カプセル化のところでアクセス修飾子について説明しましたが、修飾子には他にも種類があります。final修飾子は再代入できないフィールド（定数）を定義し、static修飾子はインスタンスを生成せずにメンバーを使えるようにします。

→ 値を変更できなくするfinal修飾子

フィールドや、ローカル変数を定義する際、型名の前にfinal修飾子を付けることで、定数（値を変更できない変数）を定義することができます。final修飾子を付けたフィールドをfinalフィールドと呼びます。finalフィールドは定義時に初期化する必要がありま

す。ローカル変数もfinal修飾子を付けると、定数として定義することができます。final修飾子を付けたローカル変数は、定義時に初期化しないことも可能です。その場合、そのあと1回だけ値を代入できます。

▶ finalフィールドの定義

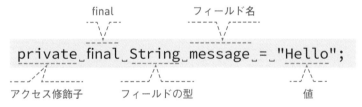

```
private final String message = "Hello";
```
アクセス修飾子　　　フィールドの型　　　　　　　値
final　　　　　　　　フィールド名

▶ final修飾子の利用例

```
public class FinalSample {
    private final String message = "Good Morning!"; … finalフィールドの定義

    public void someMethod() {
        final int num1; ………… final修飾子を付けたローカル変数を初期化せずに宣言
        num1 = 10; ……………1回だけは代入できる
```

インスタンス生成せずに使えるメンバーを作るstatic修飾子

フィールドやメソッドの定義の際、static修飾子を付けるとインスタンスを生成しなくても、クラスに対してアクセスすることができるメンバーを定義することができます。通常のフィールドや、メソッドと名称を区別するために、staticフィールドのことをクラス変数、staticメソッドのことをクラスメソッドと呼びます。

▶ staticフィールドの定義

```
public static double tax = 0.1;
```

アクセス修飾子　　static　　型名　フィールド名　　値の設明

▶ staticメソッドの定義

```
public static void someMethod(int num) {
    ・・・
}
```

アクセス修飾子　　　　static　戻り値の型　メソッド名　引数リスト

定数などはインスタンスを生成せずに使えるよう「static final」と指定することがよくあります。

staticメンバーへのアクセス

staticではない通常のメンバーは、「インスタンスの変数名.フィールド名」「インスタンスの変数名.メソッド名(引数リスト)」というふうに、インスタンスに対してアクセスしましたが、staticメンバーにアクセスする際は、「クラス.フィールドまたはメソッド名」としてアクセスします。

▶ staticフィールド、staticメソッドの利用例

```
public class StaticSampleMain {
    public static void main(String[] args) {
        StaticSample.someMethod(); ・・・・staticメソッドは、クラス名.メソッド名
                                        (引数リスト)で呼び出せる
        System.out.println("消費税：" + StaticSample.tax);
                        ・・・・・・・・staticフィールドは、クラス名.フィールド名でアクセスできる
    }
}
```

staticメソッドでの制限事項

staticメソッドは、インスタンスがない状態でも呼び出せるメソッドです。そのためstaticメソッドの中では、インスタンスがないとアクセスできない通常のフィールドやメソッドにはアクセスすることができず、自クラスのstaticメンバーのみにアクセス可能です。

▶ staticメソッドの例

```
package_example;

public_class_StaticSample1_{
____public_static_double_tax_=_0.1; ……staticフィールド
____private_int_number_=_0; ……………staticではないフィールド

____public_static_void_someMethod()_{…staticメソッドの定義
_____…
____}
____public_void_nonStaticMethod()_{ ……staticではないメソッドの定義
_____…
____}

____//_staticメソッドの制限事項
____public_static_void_someMethod2()_{
_____nonStaticMethod(); ………………staticではないメソッドの呼び出しは
                                        コンパイルエラー
_____System.out.println(number); ……staticではないフィールドへのアクセスは
                                        コンパイルエラー

_____someMethod();…………………………staticメソッドの呼び出しや、
                                        staticフィールドへのアクセスのみ可能
_____System.out.println(tax);
____}
}
```

> staticメソッドは最初は何のために使うのかわかりにくいかもしれません。標準クラスライブラリにもstaticメソッドが含まれているので、それらを使っていくうちに使いどころが見えてくるはずです。

Chapter

6

ポリモーフィズムのメリットを理解しよう

「ポリモーフィズム（多態性）」はカプセル化と並ぶ、オブジェクト指向の重要な考え方です。このChapterでは「インターフェース」という仕組みを利用したポリモーフィズムについて解説していきます。

Lesson 38 ［ポリモーフィズムとインターフェース］
ポリモーフィズムとは何かを知りましょう

このレッスンの
ポイント

「ポリモーフィズム（多態性）」は、似たようなクラスを統一的に扱えるようにする考え方です。Javaではインターフェースなどの仕組みを利用しますが、まずはポリモーフィズムのメリットなどの概要から説明していきます。

⊙ ポリモーフィズムを使わずにクラスを増やすと……

ポリモーフィズムについて説明する前に、ポリモーフィズムがない状態でクラスを増やした場合の問題点について考えてみましょう。これまでのサンプルプログラムでは、猫を表すCatクラスを定義し、その中にeatメソッドを定義していました。eatメソッドを利用するには、Catクラスのインスタンスを作成してそのeatメソッドを呼び出します。

ここで犬を表すDogクラスを追加するとしましょう。このDogクラスもeatメソッドを持っているとします。

ペットをイメージしたクラスなので、利用方法はよく似ています。しかしクラスとしては別ものなので、利用するときは、Dogクラスのインスタンスを生成してそのeatメソッドを呼び出さなければいけません。違いはほとんどクラスだけなのに、利用する処理は別々に書かなければいけないのです。さらに別のペット、そのクラスにも例えばうさぎのクラスも追加するとしたら、似たような処理を書く必要が出てきます。

▶ ポリモーフィズムを使わないペットアプリ

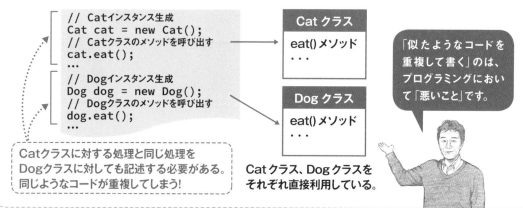

```
// Catインスタンス生成
Cat cat = new Cat();
// Catクラスのメソッドを呼び出す
cat.eat();
...
// Dogインスタンス生成
Dog dog = new Dog();
// Dogクラスのメソッドを呼び出す
dog.eat();
...
```

Cat クラス
eat() メソッド
...

Dog クラス
eat() メソッド
...

「似たようなコードを重複して書く」のは、プログラミングにおいて「悪いこと」です。

Catクラスに対する処理と同じ処理をDogクラスに対しても記述する必要がある。同じようなコードが重複してしまう!

Cat クラス、Dog クラスをそれぞれ直接利用している。

→ ポリモーフィズムでは、異なるクラスを統一的に扱える

ポリモーフィズムを使うと、複数の異なるクラスを統一的に扱い、メソッドを呼び出すことができます。そのため、新しいクラスを作るごとにその新しいクラスを呼び出す部分の記述を追加する必要がなくなり、クラスを利用する部分のプログラムをシンプルに書くことができます。具体例として、先ほどのCatクラスとDogクラスで説明しましょう。まず、CatクラスとDogクラスの共通項を表すPet（ペット）を用意します。そして、Petのeatメソッドを呼び出すと、

実際のインスタンスに合わせて適切なeatメソッドが呼び出されるようにします。これがポリモーフィズムです。

ポリモーフィズムを使うと、CatクラスでもDogクラスでも、Petとして利用する部分の処理は変わらないので、同じようなロジックをクラスごとに書く必要がありません。新しいペットに対応するといった機能追加もとても楽に行うことができるようになります。

▶ ポリモーフィズムを使ったペットアプリ

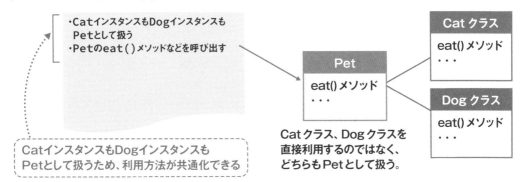

・Catインスタンスも Dogインスタンスも Petとして扱う
・Petの eat ( ) メソッドなどを呼び出す

Catインスタンスも Dogインスタンスも Petとして扱うため、利用方法が共通化できる

Pet
eat() メソッド
・・・

Cat クラス
eat() メソッド
・・・

Dog クラス
eat() メソッド
・・・

Cat クラス、Dog クラスを直接利用するのではなく、どちらも Pet として扱う。

要するに「同じように扱っても態度が変わる」から多態性（ポリモーフィズム）なのです。大まかな考え方がイメージできたら、それをJavaで実現する方法を学んでいきましょう。

Lesson

39

［インターフェースの定義と抽象メソッド］

インターフェースを定義しましょう

このレッスンの
ポイント

ポリモーフィズムをJavaで実現するためにインターフェースを学びましょう。インターフェースの中には、実際の処理がない**抽象メソッド**というものしかありません。どんなメソッドを持つかを示すだけの存在です。

→ インターフェースはクラスに似ている？

前のLessonでは、CatクラスとDogクラスの共通項を表すPetを例に挙げました。そのPetを定義するためのものがインターフェースです。インターフェースは定義だけを見ると、クラスに似ています。

最初に、クラスと似ている点を挙げましょう。インターフェースはメソッドを定義することができます。

また、型として扱え、インターフェース型の変数を作ることができます。その変数からメソッドを呼び出せる点も同じです。

大きく異なるのは、インターフェース内で定義できるのは抽象メソッドだという点です。

▶ インターフェース定義の書式

アクセス修飾子　interface　　　インターフェース名

```
public_interface_Pet_{
____//_インターフェースの構成要素を定義
}
```

▶ Petインターフェースの例

```
public_interface_Pet_{
____public_abstract_void_eat();
____public_abstract_void_playToy();
}
```

定義の仕方だけ見るとクラスに似ていますね。ちなみにインターフェースにはフィールドは定義できません。

抽象メソッドはブロックを持たない

インターフェースにもクラスと同じようにメソッドを定義しますが、インターフェースにはpublicな「抽象メソッド」と呼ばれるメソッドだけが定義できます。抽象メソッドと通常のメソッド（抽象メソッドと区別するために「具象メソッド」とも呼びます）の大きな違いは、処理を書くためのブロック（{ }で囲まれた部分）を持たないという点です。抽象メソッドには名前と引数、戻り値の型の定義しかありません。抽象メソッドを定義するには、publicとabstract修飾子を付けます。ブロックを持たないため、メソッド定義のあとには「;（セミコロン）」のみを書きます。インターフェースにはpublicな抽象メソッドしか定義できないことが決まっているので、public abstractは省略可能です。

▶ 抽象メソッドの定義

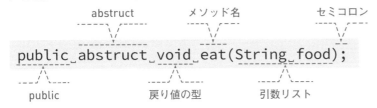

インターフェースの役割とは？

このようにインターフェースには、メソッドの名前があるだけで実際の処理がありません。なぜならインターフェースの役割は、「クラスがどんなメソッドを持つか」を表すことだからです。実際の処理は、インターフェースを実装したクラスの中に書きます。

抽象メソッドしか定義できない点に加え、クラスと違って、単体ではインスタンスを生成できません。そのため、メソッドを呼び出すためには、インターフェースをクラスに実装し、クラスのインスタンスを生成する必要があります。

▶ インターフェースの利用イメージ

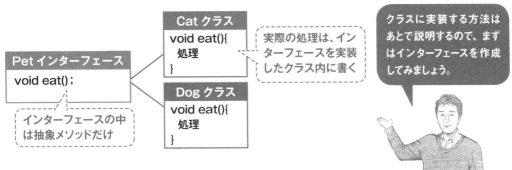

● インターフェースを作成する

1 インターフェースを新規に作成する

Chapter 2の31ページを参考に新しいプロジェクトを作成します。プロジェクト名は「Chapter6_7」とします。

プロジェクトを作成したら、[ファイル] - [新規] - [インターフェース] をクリックします❶。

1 [ファイル] - [新規] - [インターフェース]をクリック

2 インターフェース名を指定する

今回はペットを表す「Pet」という名前のインターフェースを定義します。パッケージ名は「example」❶、

インターフェース名は「Pet」とします❷❸。

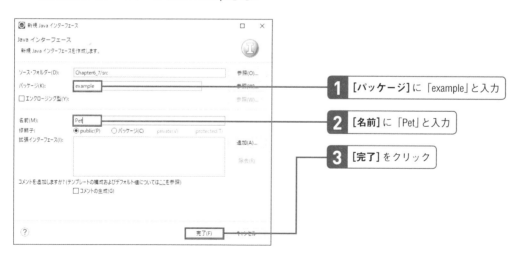

1 [パッケージ]に「example」と入力

2 [名前]に「Pet」と入力

3 [完了]をクリック

3 作成したインターフェースを確認する

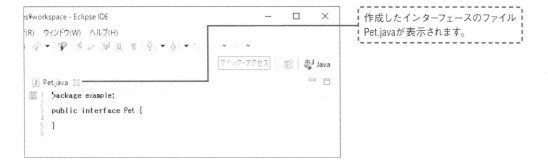

作成したインターフェースのファイル
Pet.javaが表示されます。

4 抽象メソッドを定義する　Pet.java

Petインターフェースにpublicな抽象メソッドを4つ定
義します❶❷❸❹。その内2つは引数のないオーバ
ーロードされたメソッドです。

```
001 package_example;
002
003 public_interface_Pet_{
004 ____public_void_eat();
005
006 ____public_void_eat(String_food);
007
008 ____public_void_playToy();
009
010 ____public_void_playToy(String_toy);
011 }
```

1 void eat()メソッドを定義

2 void eat(String food)メソッドを定義

3 void playToy()メソッドを定義

4 void playToy(String toy)メソッドを定義

> インターフェースでは、abstructを
> 省略できます。ここではabstructを
> 省略して記述しています。

Lesson 40 ［インターフェースの実装］
インターフェースを実装した
クラスを作りましょう

**このレッスンの
ポイント**

インターフェースを利用するために、インターフェースを実装したクラスを定義しましょう。抽象メソッドは、クラス内で実際の処理を書く必要があります。これをメソッドのオーバーライド(上書き)といいます。

→ クラスにインターフェースを実装する

インターフェースはクラスとは異なり、インスタンスを作成することができません。そこで、インターフェースを実装したクラスを作ることにより、そのクラスをインスタンス化できます。インターフェースを実装するクラス定義の書式を見てみましょう。クラ

ス定義の前半は、今までの通常のクラス定義と変わりありませんが、implementsというキーワードを付け、そのあとに実装するインターフェース名を指定します。

▶ **インターフェースを実装したクラスの定義**

アクセス修飾子　　class　　クラス名　implements　インターフェース名

```
public_class_Cat_implements_Pet_{
____...
}
```

「implements」を日本語訳すると「実装する」です。実装という単語には、「仕様に基づいて具体的なものを作る」という意味があります。

抽象メソッドのオーバーライド

インターフェースを実装したクラスでは、インターフェースに定義されている抽象メソッドをオーバーライドしたメソッドを定義しなければならないというルールがあります。オーバーライドとは、元のメソッドと同じメソッド名、戻り値、引数のメソッドを定義することです。抽象メソッドは、メソッド名、

戻り値、引数しか定義されておらず、中身の処理は記述されないメソッドでした。実装クラスでは、インターフェースで定義されている抽象メソッドをオーバーライドした、中身の処理があるメソッドを定義します。

▶ 抽象メソッドをオーバーライドしたメソッドの定義

```
public_class_Cat_implements_Pet_{
____@Override
____public_void_eat()_{
_____//_処理を書く
____}
____...
}
```

メソッドをオーバーライドするときは、その前に「@Override」と書きます。オーバーライド（上書き）は、オーバーロード（多重定義）と響きが似ていますが、まったく違う意味です。

インターフェースの実装クラスの使用例

インターフェースの実装クラスでも、インスタンスの生成方法、メソッドの呼び出し方はChapter 4で作成した通常のクラスと同じです。また、フィールド

の定義やメソッドからのアクセス方法も通常のクラスと同じです。

▶ インターフェースの実装クラスのインスタンス生成とメソッド呼び出しの例

```
Cat_cat_=_new_Cat();  …………… 「Petインターフェースを実装したCatクラス」の
                                  インスタンスを生成する
cat.eat();  ………… インスタンス名.メソッド名(引数リスト)  でメソッドを呼び出す
```

● Petインターフェースを実装する

1 新規クラスを作成する

先ほど作ったPetインターフェースを実装したCatクラスを作成します。exampleパッケージに新規クラスを作成します。この手順はこれまでのクラス作成と同様です❶❷。

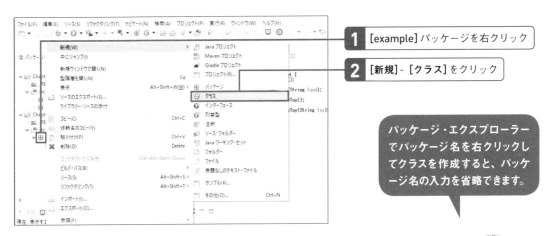

> 1 [example]パッケージを右クリック

> 2 [新規] - [クラス]をクリック

> パッケージ・エクスプローラーでパッケージ名を右クリックしてクラスを作成すると、パッケージ名の入力を省略できます。

2 クラス名を指定する

クラス名を入力したあと❶、インターフェースを追加する操作を行います❷。

> 1 [名前]に「Cat」と入力

> 2 [インターフェース]の[追加]をクリック

3 実装するインターフェースを選択する

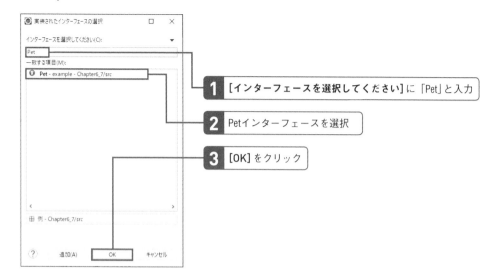

1 [インターフェースを選択してください] に 「Pet」と入力

2 Petインターフェースを選択

3 [OK] をクリック

4 作成するクラスの設定を確認する

[継承された抽象メソッド] にチェックマークを付けて❶、クラスの作成を完了します❷。

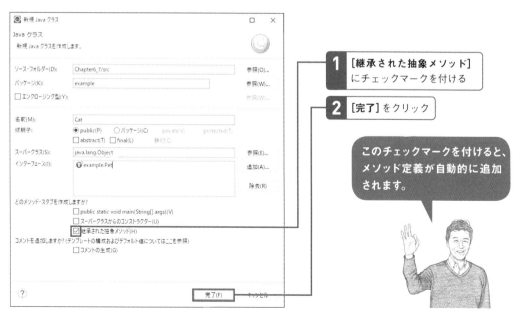

1 [継承された抽象メソッド] にチェックマークを付ける

2 [完了] をクリック

> このチェックマークを付けると、メソッド定義が自動的に追加されます。

5 作成したクラスを確認する

作成された Cat クラスを確認してみましょう。Pet イン　　ドとしてあらかじめ定義されています。
ターフェースで定義した抽象メソッドが通常のメソッ

```
J Pet.java    J Cat.java ⊠
 1   package example;
 2
 3   public class Cat implements Pet {
 4
 5     @Override
 6     public void eat() {
 7       // TODO 自動生成されたメソッド・スタブ
 8
 9     }
10
11     @Override
12     public void eat(String food) {
13       // TODO 自動生成されたメソッド・スタブ
14
15     }
16
17     @Override
18     public void playToy() {
19       // TODO 自動生成されたメソッド・スタブ
20
21     }
22
23     @Override
24     public void playToy(String toy) {
25       // TODO 自動生成されたメソッド・スタブ
26
27     }
28
29   }
30
```

> メソッドがすでに定義されています。

● インターフェースの実装クラスを完成させる

1 Cat クラスのメソッドを完成させる　Cat.java

自動生成で作成された空のメソッドの中に、処理を
記述し、メソッドを完成させます❶❷❸❹。

自動生成した際に書かれた TODO コメントは、メソ
ッドの中身を記述したら、削除してかまいません。

```
001  package_example;
002
003  public_class_Cat_implements_Pet_{
004
005  ____@Override
006  ____public_void_eat()_{
007  _____eat("ご飯");            1 void eat(String food)メソッドを呼び出す
008  ____}
009
010  ____@Override
```

```
011  ____public_void_eat(String_food)_{
012  _____System.out.println(food_+_"を食べるよ！おいしいにゃー");
013  _____System.out.println("お腹が一杯になったにゃー");
014  ____}
015
016  ____@Override
017  ____public_void_playToy()_{
018  _____playToy("おもちゃ");
019  ____}
020
021  ____@Override
022  ____public_void_playToy(String_toy)_{
023  _____System.out.println(toy_+_"で遊ぶよ。楽しいにゃー");
024  _____System.out.println("遊んでお腹が減ったにゃー");
025  ____}
026  }
```

2 | メッセージを表示

3 | void playToy(String toy)メソッドを呼び出す

4 | メッセージを表示

2 インターフェースを実装した Catクラスを利用する

InterfaceSample.java

exampleパッケージ内に新たにInterfaceSampleクラスを作成します。
mainメソッドの中で、Catクラスのデフォルトコンストラクターでインスタンスを生成します❶。続けて、

Catクラスのインスタンスに対し、各メソッドを呼び出します❷❸❹❺。このプログラムを実行してみましょう。

```
001  package example;
002
003  public_class_InterfaceSample_{
004  ____public_static_void_main(String[]_args)_{
005  _____Cat_cat_=_new_Cat();
006
007  _____System.out.println("---_cat.eat()を呼び出す_---");
008  _____cat.eat();
009
010  _____System.out.println();
011  _____System.out.println("---_cat.eat(\"贅沢なキャットフード\")を呼び出す
     _---");
012  _____cat.eat("贅沢なキャットフード");
```

1 | インスタンスを作成

2 | eat()メソッドを呼び出す

3 | eat(String food)メソッドを呼び出す

NEXT PAGE → 197

```
013
014 ＿＿＿＿＿＿＿System.out.println();
015 ＿＿＿＿＿＿＿System.out.println("---＿cat.playToy()を呼び出す＿---");
016 ＿＿＿＿＿＿＿cat.playToy();
017
018 ＿＿＿＿＿＿＿System.out.println();
019 ＿＿＿＿＿＿＿System.out.println("---＿cat.playToy(¥"猫じゃらし¥")を呼び出す＿---");
020 ＿＿＿＿＿＿＿cat.playToy("猫じゃらし");
021 ＿＿＿}
022 }
```

016行目 — **4** playToy()メソッドを呼び出す

020行目 — **5** playToy(String toy)メソッドを呼び出す

```
●  ＿＿  ▢ コンソール  ✕                                      ▭ 🗗

         ▭ 🗙 ▨ | 🔳 🔳 🔳 🔳 | 🔳 | 🔳 ▾ 🔳 ▾ 🔳 ▾ | 🔳 Ⓐ

<終了> InterfaceSample [Java アプリケーション] C:¥pleiades-2019-06-java-win-64bit-jre_20190630…
--- ＿cat.eat()を呼び出す ---
ご飯を食べるよ！おいしいにゃー
お腹が一杯になったにゃー

--- ＿cat.eat("贅沢なキャットフード")を呼び出す ---
贅沢なキャットフードを食べるよ！おいしいにゃー
お腹が一杯になったにゃー

--- ＿cat.playToy()を呼び出す ---
おもちゃで遊ぶよ。楽しいにゃー
遊んでお腹が減ったにゃー

--- ＿cat.playToy("猫じゃらし")を呼び出す ---
猫じゃらしで遊ぶよ。楽しいにゃー
遊んでお腹が減ったにゃー
```

ここではまだクラスのメソッドを呼び出しただけで、ポリモーフィズムは実現していません。次のLessonでDogクラスを追加し、ポリモーフィズムを体験してみましょう。

Lesson 41 ［インターフェースとポリモーフィズム］ インターフェースを使ったポリモーフィズムを理解しましょう

このレッスンのポイント

ポリモーフィズムは同種のクラスが複数あるときに力を発揮します。このLessonでは、Petインターフェースを実装したDogクラスを追加し、CatインスタンスとDogインスタンスをインターフェース経由で利用します。

インターフェースを使ったポリモーフィズム

インターフェースを実装したクラスのインスタンスは、インターフェース型の変数に代入することができます。このインターフェース型の変数に対してメソッド呼び出しを行うと、変数に代入されている実装クラス型のインスタンスに定義されているメソッドが呼び出されます。次の例を見てください。インターフ

ェースの実装クラスであるCatクラスのインスタンスを、Catクラス型ではなく、Petインターフェース型の変数に代入しています。変数petには、Catクラス型のインスタンスが代入されているので、Catクラスに定義されているeatメソッドが呼び出されます。

▶Catクラスをインターフェース型の変数に代入

```
Pet_pet_=_new_Cat(); ……CatクラスのインスタンスをPetインターフェース型の変数に代入
pet.eat(); ………………Catクラスに定義されているeatメソッドを呼び出す
```

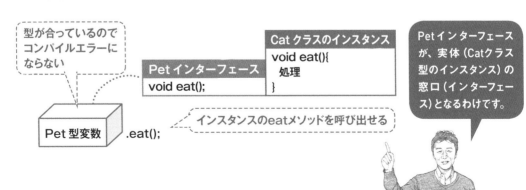

異なるクラスを同じ型として扱える

同じようにPetインターフェースを実装したDogクラスは、Petインターフェース型の変数に代入することができます。つまり、CatクラスとDogクラスという異なるクラスが、同じPetインターフェース型変数を介して利用できるのです。

代入したインスタンスがCat型であればCatクラスの eatメソッド、Dog型であればDogクラスのメソッドが呼び出されます。このように、インターフェースを使ってプログラムを書くと、同じメソッド呼び出しでも、生成するインスタンスを変えれば異なるメソッドが呼び出されるため、実行される処理を変えることができます。

▶ 2つのクラスを利用する例

```
Pet pet;
pet = new Cat(); ·····Petインターフェース型の変数petに、Catクラスのインスタンスを代入
pet.eat(); ·············代入されているインスタンスの型である、
                       Catクラスのeatメソッドが呼び出される


pet = new Dog(); ·····Petインターフェース型の変数に、
                       Dogクラスのインスタンスを代入することもできる
pet.eat(); ·············代入されているインスタンスの型である、
                       Dogクラスのeatメソッドが呼び出される
```

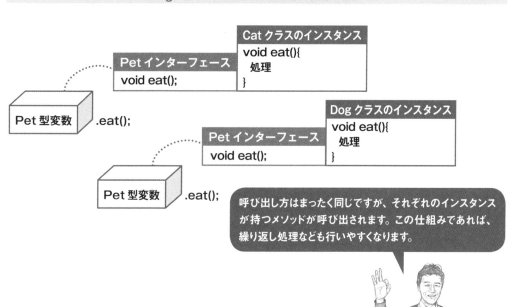

呼び出し方はまったく同じですが、それぞれのインスタンスが持つメソッドが呼び出されます。この仕組みであれば、繰り返し処理なども行いやすくなります。

● Petインターフェースを実装したもう1つのクラスを作成する

1 犬を表すDogクラスを作成する `Dog.java`

Catクラスと同じように、Petインターフェースを実装したDogクラスを作成し、下記のように各メソッドの中身を記述します❶❷❸❹。インターフェースを実装したクラスの作成方法は194〜196ページの手順2〜5を参照してください。

```
001  package_example;
002
003  public_class_Dog_implements_Pet_{
004  ____@Override
005  ____public_void_eat()_{
006  _____eat("ご飯");  ────────────── 1 eat(String food)メソッドを呼び出す
007  ____}
008
009  ____@Override
010  ____public_void_eat(String_food)_{
011  _____System.out.println(food_+_"を食べるよ！おいしいワン");
012  _____System.out.println("お腹が一杯になったワン");
013  ____}                                    2 メッセージを表示
014
015  ____@Override
016  ____public_void_playToy()_{
017  _____playToy("おもちゃ");
018  ____}            3 playToy(String toy)メソッドを呼び出す
019
020  ____@Override
021  ____public_void_playToy(String_toy)_{
022  _____System.out.println(toy_+_"で遊ぶよ。楽しいワン");  ── 4 メッセージを表示
023  _____System.out.println("遊んでお腹が減ったワン");
024  ____}
025  }
```

2 インターフェースを実装したCatクラスとDogクラスを利用する

InterfaceSample2.java

新たにInterfaceSample2クラスを作成します（インターフェースの実装ではなく通常のクラス）。Petインターフェースを実装したCatクラス型のインスタンスを生成し、Petインターフェース型の変数petに代入します❶。そしてそのeatメソッドを呼び出します❷。

次にPetインターフェースを実装したDogクラス型のインスタンスを生成し、変数petに代入します❸。再びそのeatメソッドを呼び出します❹。このプログラムを実行します。

```
001  package example;
002
003  public class InterfaceSample2 {
004      public static void main(String[] args) {
005          Pet pet = new Cat();                           1  Catクラス型のインスタンスを生成
006
007          System.out.println("--- pet.eat()を呼び出す[petにはCatクラス型のインスタンスが入っている] ---");
008          pet.eat();                                     2  petインスタンスに対しeat()メソッドを呼び出す
009
010          pet = new Dog();                               3  Dogクラス型のインスタンスを作成
011
012          System.out.println("--- pet.eat()を呼び出す[petにはDogクラス型のインスタンスが入っている] ---");
013          pet.eat();                                     4  petインスタンスに対しeat()メソッドを呼び出す
014      }
015  }
```

```
🔲 コンソール ✕

<終了> InterfaceSample2 [Java アプリケーション] C:¥pleiades-2019-06-java-win-64bit-jre_2019063(
--- pet.eat()を呼び出す[petにはCatクラス型のインスタンスが入っている] ---
ご飯を食べるよ！おいしいにゃー
お腹が一杯になったにゃー
--- pet.eat()を呼び出す[petにはDogクラス型のインスタンスが入っている] ---
ご飯を食べるよ！おいしいワン
お腹が一杯になったワン
```

同じ「pet.eat();」という文なのに、異なる結果を返していることがわかるでしょうか？

Lesson 42

[ポリモーフィズムのメリット]
対話型のペットアプリを作りましょう

このレッスンのポイント

ポリモーフィズムのメリットを活用したアプリを作成して、ポリモーフィズムの理解を深めましょう。「猫と遊ぶか犬と遊ぶか」をキーボード操作でユーザーに選ばせ、選んだ種類のペットと触れ合うことができます。

⊙ このLessonで作成するプログラム

ユーザーに何かを入力させ、それに応じて仕事をするプログラムを対話型プログラム（対話型アプリ）といいます。ここまでに作ってきたCatクラスやDogクラスを応用して、対話型アプリを作ってみましょう。

▶ プログラムのイメージ

```
Petインターフェース型の変数petを宣言
            ↓
以下を画面に表示
触れ合いたいペットを選んでください
1: 猫、2: 犬（1 or 2 どちらかを入力して Enter）:
            ↓
      キーボード入力
            ↓
   1が入力された場合 ──No──→ 2が入力された場合 ──No──→ デフォルトとして
        │Yes                    │Yes                      Catインスタンスを生成し、
        ↓                        ↓                         変数petに代入
 Catインスタンスを生成し、    Dogインスタンスを生成し、
   変数petに代入              変数petに代入
            ↓
Petインターフェース型の変数petに
対し、各メソッドを呼び出す
```

ユーザーのキーボード入力を受け取る

キーボードから入力を受け取るには、java.utilパッケージのScannerクラスを利用します。まずScannerクラスのインスタンスを作成して変数に入れておき、nextLineメソッドで1行分を受け取ります。nextLine メソッドを呼び出すと、その段階でプログラムは入力待ちになり、[Enter]キーが押されるまで一時停止します。[Enter]キーが押されると入力内容がString型の文字列として返され、プログラムが再開します。

▶ キーボードから1行受け取る

```
import_java.util.Scanner; ………java.util.Scannerをインポート

Scanner_keyInput_=_new_Scanner(System.in); … Scannerクラスのインスタンスを作成
String_inputStr_=_keyInput.nextLine();……… nextLineメソッドで1行受け取る
```

問題 コンソール
PolymorphismSample [Java アプリケーション] C:¥pleiades-2019-06-java-win-64bit-jre_
触れ合いたいペットを選んでください
　1:猫、2:犬 (1 or 2 どちらかを入力してEnter):

> コンソールがキーボードからの入力待ちになります。

問題 コンソール
PolymorphismSample [Java アプリケーション] C:¥pleiades¥eclipse¥jre¥bin¥javaw.exe (2
触れ合いたいペットを選んでください
　1:猫、2:犬 (1 or 2 どちらかを入力してEnter):1|

> 「1」を入力して[Enter]キーを押します。

> プログラム中で何回か入力させたい場合は、必要な回数だけnextLineメソッドを呼び出してください。

● ポリモーフィズムのメリットを活用したアプリの作成

1 入力を受け取る `PolymorphismSample.java`

新たにPolymorphismSampleクラスを作成します。
クラス定義の前に、標準入力を受け付けるための
java.util.Scannerクラスをインポートします❶。
mainメソッドの中でPetインターフェース型の変数

petを宣言します❷。
次にメッセージを表示します❸。キーボードからの
入力待ちをし、入力された文字列を受け取ります
❹❺。このプログラムを実行してみましょう。

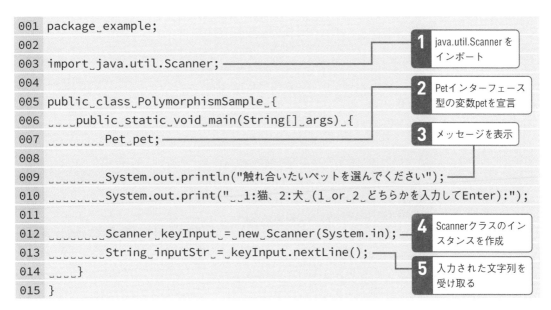

```java
001 package example;
002
003 import java.util.Scanner;
004
005 public class PolymorphismSample {
006     public static void main(String[] args) {
007         Pet pet;
008
009         System.out.println("触れ合いたいペットを選んでください");
010         System.out.print(" 1:猫、2:犬 (1 or 2 どちらかを入力してEnter):");
011
012         Scanner keyInput = new Scanner(System.in);
013         String inputStr = keyInput.nextLine();
014     }
015 }
```

1 java.util.Scanner を
インポート

2 Petインターフェース
型の変数petを宣言

3 メッセージを表示

4 Scannerクラスのイン
スタンスを作成

5 入力された文字列を
受け取る

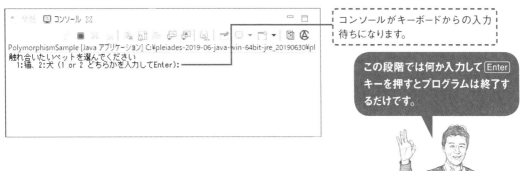

コンソールがキーボードからの入力
待ちになります。

```
PolymorphismSample [Java アプリケーション] C:¥pleiades-2019-06-java-win-64bit-jre_20190630¥pl
触れ合いたいペットを選んでください
 1:猫、2:犬 (1 or 2 どちらかを入力してEnter):
```

この段階では何か入力して Enter
キーを押すとプログラムは終了す
るだけです。

2 入力した数字によって条件分岐する

if 〜 else if文を使い、入力された数字によって条件分岐します。"1"が入力されたら、Catクラスのインスタンスを生成し、変数petに代入します❶。"2"が入力されたら、Dogクラスのインスタンスを生成し、変数petに代入します❷。それ以外が入力された場合は、デフォルト値としてCatインスタンスを生成し、変数petに代入します❸。

```
     ……前略……
005  public_class_PolymorphismSample_{
006  ____public_static_void_main(String[]_args)_{
007  _____Pet_pet;
008
009  _____System.out.println("触れ合いたいペットを選んでください");
010  _____System.out.print("__1:猫、2:犬_(1_or_2_どちらかを入力してEnter):");
011
012  _____Scanner_keyInput_=_new_Scanner(System.in);
013  _____String_inputStr_=_keyInput.nextLine();
014
015  _____if_(inputStr.equals("1"))_{
016  _____pet_=_new_Cat();          ┤1 Catクラスのインスタンスを生成
017  _____System.out.println("＜猫が選択されました＞");
018  _____}_else_if_(inputStr.equals("2"))_{
019  _____pet_=_new_Dog();          ┤2 Dogクラスのインスタンスを生成
020  _____System.out.println("＜犬が選択されました＞");
021  _____}_else_{
022  _____pet_=_new_Cat();          ┤3 Catクラスのインスタンスを生成
023  _____System.out.println("＜1,2以外が入力されたので、猫(デフォルト)を選択
     します＞");
024  _____}
025  ____}
026  }
```

elseブロックを追加して想定していない値が選ばれたときの処理も用意しておくことが、親切なプログラムを作るコツです。

3 ポリモーフィズムを使う

ここからポリモーフィズムを使ったプログラムを書いていきます。まずpetインスタンスに対してeatメソッド、playToyメソッドを呼び出します❶❷。

オーバーロードしたメソッドについても同様に呼び出します❸❹。このプログラムを実行してみましょう。

```
      ……前略……
016 _____pet_=_new_Cat();
017 _____System.out.println("<猫が選択されました>");
018 _____}_else_if_(inputStr.equals("2"))_{
019 _____pet_=_new_Dog();
020 _____System.out.println("<犬が選択されました>");
021 _____}_else_{
022 _____pet_=_new_Cat();
023 _____System.out.println("<1,2以外が入力されたので、猫（デフォルト）を選択
    します>");
024 _____}
025
026 _____System.out.println();
027 _____System.out.println("---_選択されたペットにご飯を与えます_---");
028 _____pet.eat();
029
030 _____System.out.println();
031 _____System.out.println("---_選択されたペットにおもちゃを与え、遊ばせます
    _---");
032 _____pet.playToy();
033
034 _____System.out.println();
035 _____System.out.println("---_選択されたペットに大好きなペットフードを与えます
    _---");
036 _____pet.eat("大好きなペットフード");
037
038 _____System.out.println();
039 _____System.out.println("---_選択されたペットにボールを与え、遊ばせます_---
    ");
040 _____pet.playToy("ボール");
041 ____}
042 }
```

1 petインスタンスに対して eat()メソッドを呼び出す

2 petインスタンスに対して playToy()メソッドを呼び出す

3 petインスタンスに対して eat(String food)メソッドを呼び出す

4 petインスタンスに対して playToy(String toy)メソッドを呼び出す

コンソールがキーボードからの入力待ちになるので、「1」を入力して[Enter]キーを押す

猫が選択された場合のメッセージが表示されます。

「2」を入力した場合は、犬のメッセージが表示されます。

ポリモーフィズムのイメージはつかめましたか？
次のChapterでは少し方向を変えて、Javaに標準で用意されているクラスライブラリを学びましょう。

Chapter

7

クラスライブラ
リの便利なクラ
スを使おう

> このChapterでは、Java SEに
> 標準で含まれるクラスライブラ
> リから主なものを選び、その使
> い方を解説していきます。既存
> のクラスに触れることはオブジ
> ェクト指向の理解を深める役
> にも立ちます。

Lesson 43 ［クラスライブラリ］
クラスライブラリの概要を知りましょう

このレッスンの
ポイント

Java SEには複数のクラスがまとめられたクラスライブラリが付属しています。今までも使用してきたStringクラスをはじめ、大量のデータを扱うCollections Framework、果てはネットワークやGUIを扱うものまで、数え切れないほどのクラスが存在します。

→ クラスライブラリとは

クラスライブラリとは、すでに完成済みで利用できるクラスの集まりです。Java SEには、Java SE APIというクラスライブラリが含まれています。

このChapterでは、クラスライブラリに含まれているクラスの中で、よく利用する基本的なクラスについて学んでいきましょう。クラスライブラリのドキュメントとして、Oracle社のAPIリファレンスというWebサイトが用意されています。そこからJava SE APIにどんなクラスがあり、どんなメソッドを持つのかを調べることができます。

▶ APIリファレンス

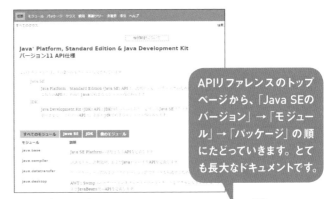

APIリファレンスのトップページから、「Java SEのバージョン」→「モジュール」→「パッケージ」の順にたどっていきます。とても長大なドキュメントです。

https://www.oracle.com/jp/java/technologies/javase/
documentation/api-jsp.html

import文でパッケージからクラスを取り込む

クラスライブラリのクラスはパッケージで分類されているため、利用する前にimport文で取り込む必要があります。ただし、java.langパッケージは基本的な機能を提供するものなので、import文を省略できます。例えば、文字列を扱うStringクラスはjava.langパッケージに含まれているので、import文なしで利用できます。

▶ java.utilパッケージのArrayListというクラスを利用するimport文

```
import_java.util.ArrayList;
```

▶ APIドキュメントのArrayListクラスの解説ページ

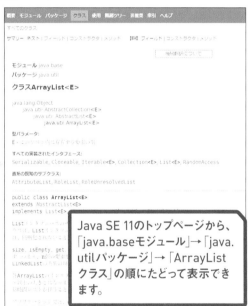

Java SE 11のトップページから、「java.baseモジュール」→「java.utilパッケージ」→「ArrayListクラス」の順にたどって表示できます。

Java SE 9以降、パッケージの上に「モジュール」という上位の分類が追加されました。APIリファレンスのとてつもないパッケージ数を見ると、モジュールが追加された理由が納得できますね。

Lesson 44 [Stringクラス]
文字列を扱うStringクラスを使ってみましょう

このレッスンのポイント

これまでStringクラスは、単に文字列を記憶させるための型として利用してきました。しかし、クラスなのでさまざまな便利なメソッドも持っています。今回は「文字数を調べる」「大文字／小文字の変換」「文字列の検索」などを試してみましょう。

→ Stringクラスのメソッド

Stringクラスには、文字列を操作するためのいろいろなメソッドが用意されています。例として、以下のようなメソッドがあります。

▶ Stringクラスのメソッド(一部抜粋)

戻り値	メソッド(引数)	説明
int	length()	このStringの文字数を返す。
String	toLowerCase()	このString内のすべての文字を小文字に変換したStringを返す(このString自体は変更されない)。
String	toUpperCase()	このString内のすべての文字を大文字に変換したStringを返す(このString自体は変更されない)。
int	indexOf(String str)	このString内で、指定された部分文字列が最初に出現する位置のインデックスを返す。出現しない場合は、-1が返る。

Stringクラスのインスタンス生成の秘密

クラスのインスタンスを生成する場合、そのクラスに定義されているコンストラクターを呼び出して生成していました。Stringクラスにも、public String(String str)というコンストラクターが用意されており、このコンストラクターを使って、String型のインスタンスを生成することができます。

ただし、String型はとてもよく使われるので、特例で下のコードの②のようにコンストラクターを使わなくてもインスタンスを生成する記述ができるよう

になっています。①のようにコンストラクターを明示的に使って、String型のインスタンスを生成すると、コンストラクターの引数に与えた文字列が同じであっても、別のインスタンスができますが、②のように記述すると、代入する文字列が同じ場合は、最適化され、同じインスタンスを参照する形になります。メモリが不必要に使われることを防ぐため、String型のインスタンス生成の処理は①ではなく、②のように記述するよう心がけましょう。

▶ Stringクラスのインスタンスの生成

```
String_str1_=_new_String("abc");  ……… ①このように、明示的にStringクラスの
                                            コンストラクターを使うことも可能
String_str2_=_"abc";  ………………… ②文字列リテラル
String_str3_=_new_String("abc");  ……… ①とは別のインスタンスが生成される
String_str4_=_"abc";  …………………… ②のインスタンスを参照する形に最適化される
```

▶ Stringクラスのインスタンスの生成

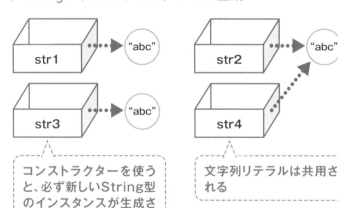

コンストラクターを使うと、必ず新しいString型のインスタンスが生成される

文字列リテラルは共用される

見た目の結果は同じでも、メモリの使用効率が変わります。

● Stringクラスのメソッドを使う

1 文字列の文字数を調べる `StringSample.java`

lengthメソッドを使って文字列の文字数を調べてみましょう。Chapter6_7プロジェクト内に新たにStringSampleクラスを作成します。半角の文字列"123"をString型の変数str1に代入します❶。変数

str1に対してlengthメソッドを呼び出します❷。次に全角の文字列"あいう"を変数str2に代入します❸。同様にlengthメソッドを呼び出します❹。このプログラムを実行してみましょう。

```
001  package example;
002
003  public class StringSample {
004      public static void main(String[] args) {
005          String str1 = "123";              ── 1 文字列を代入
006          System.out.println("str1 = " + str1);
007          System.out.println("str1.length() → " + str1.length()); ──
008                                              2 lengthメソッドを呼び出す
009          System.out.println("--------------------");
010          String str2 = "あいう";            ── 3 文字列を代入
011          System.out.println("str2 = " + str2);
012          System.out.println("str2.length() → " + str2.length()); ──
013      }                                     4 lengthメソッドを呼び出す
014  }
```

```
🔲 課題  💻 コンソール  ▣

<終了> StringSample [Java アプリケーション] C:¥pleiades-2019-06-java-win-64bit-jre_20190630¥pl
str1 = 123
str1.length() → 3                    ──────── 3が返ります。
--------------------
str2 = あいう
str2.length() → 3                    ──────── 全角文字も同様に3が返ります。
```

lengthメソッドは文字が半角でも全角でも1と数えます。
数えるのは文字列のバイト数（データ量）ではありません。

2 文字列を小文字に変換する

続いてtoLowerCaseメソッドを使って文字列を小文字に変換してみましょう。

文字列"ABCdef"をString型の変数str3に代入します

❶。変数str3に対してtoLowerCaseメソッドを呼び出し、戻り値を変数str3ToLowerに代入します❷。

```
013
014 _____System.out.println("--------------------");
015 _____String_str3_=_"ABCdef";
016 _____System.out.println("str3_=_"_+_str3);
017
018 _____String_str3ToLower_=_str3.toLowerCase();
019 _____System.out.println("str3.toLowerCase()_→_"_+_str3ToLower);
020 ____}
021 }
```

1 文字列を代入

2 toLowerCaseメソッドを呼び出す

```
<終了> StringSample [Java アプリケーション] C:¥pleiades-2019-06-java-win-64bit-jre_20190630¥pl
str1 = 123
str1.length() → 3
--------------------
str2 = あいう
str2.length() → 3
--------------------
str3 = ABCdef
str3.toLowerCase() → abcdef
```

Point　元の変数の内容は変更されない

変数str3に対してtoLowerCaseメソッドを呼び出したあとも、元の変数str3自体の内容は変更されません。

```
String_str3_=_"ABCdef";
String_str3ToLower_=_str3.toLowerCase();
System.out.println("str3.toLowerCase()_→_"_+_str3ToLower);___
_//_abcdef
System.out.println("str3_→_"_+_str3);____//_ABCdef
```

3　大文字と小文字が混じっている場合

文字列に大文字と小文字が混じっている場合は、大文字の部分だけ小文字に変換されます❶。また、文字列が半角の場合も全角の場合も大文字は小文字に変換されます。

```
020
021 ＿＿＿＿＿＿＿＿System.out.println("--------------------");
022 ＿＿＿＿＿＿＿＿String_str4_=_"ABCdef123ＡＢＣｄｅｆ";
023 ＿＿＿＿＿＿＿＿System.out.println("str4_=_"_+_str4);
024
025 ＿＿＿＿＿＿＿＿String_str4ToLower_=_str4.toLowerCase();
026 ＿＿＿＿＿＿＿＿System.out.println("str4.toLowerCase()_→_"_+_str4ToLower);
027 ＿＿＿＿}
028 }
```

1 大文字の部分だけ小文字に変換

```
＜終了＞ StringSample [Java アプリケーション] C:¥pleiades-2019-06-java-win-64bit-jre_20190630¥pl

str1 = 123
str1.length() → 3
--------------------
str2 = あいう
str2.length() → 3
--------------------
str3 = ABCdef
str3.toLowerCase() → abcdef
--------------------
str4 = ABCdef123ＡＢＣｄｅｆ
str4.toLowerCase() → abcdef123ａｂｃｄｅｆ
```

4　文字列を大文字に変換する

続いてtoUpperCaseメソッドを使って文字列を大文字に変換してみましょう。先ほど定義した変数str3に対してtoUpperCaseメソッドを呼び出します❶。

同様に変数str4に対してもtoUpperCaseメソッドを呼び出します❷。
実行結果を確認しましょう。

```
027
028 ＿＿＿＿＿＿＿＿System.out.println("--------------------");
029 ＿＿＿＿＿＿＿＿String_str3ToUpper_=_str3.toUpperCase();
030 ＿＿＿＿＿＿＿＿System.out.println("str3.toUpperCase()_→_"_+_str3ToUpper);
031
```

1 toUpperCase メソッドを呼び出す

```
032 _____String_str4ToUpper_=_str4.toUpperCase();
033 _____System.out.println("str4.toUpperCase()_→_"_+_str4ToUpper);
034 ____}
035 }
```

2 toUpperCaseメソッドを呼び出す

```
<終了> StringSample [Java アプリケーション] C:¥pleiades-2019-06-java-win-64bit-jre_20190630¥pl
str1 = 123
str1.length() → 3
--------------------
str2 = あいう
str2.length() → 3
--------------------
str3 = ABCdef
str3.toLowerCase() → abcdef
--------------------
str4 = ABCdef123 Ａ Ｂ Ｃ ｄ ｅ ｆ
str4.toLowerCase() → abcdef123 ａ ｂ ｃ ｄ ｅ ｆ
--------------------
str3.toUpperCase() → ABCDEF
str4.toUpperCase() → ABCDEF123 Ａ Ｂ Ｃ Ｄ Ｅ Ｆ
```

小文字の部分だけ大文字に変換されます。

全角の小文字も大文字に変換されます。

文字列を検索する

1 文字列の中に指定された文字列が含まれているかどうか調べる

StringSample2.java

新たにStringSample2クラスを作成します。indexOfメソッドを使って、文字列の中に、引数で指定された文字列が含まれているかどうか調べてみましょう。変数str5に検索される文字列を代入します❶。変数str6に検索する文字列を代入します❷。この場合は "abcdefghij"の中から"abc"を検索します。引数に検索する文字列を指定してindexOfメソッドを呼び出します❸。同様に文字列"cde"、"aaa"が含まれているかどうか調べます❹❺❻❼。このプログラムを実行してみましょう。

```
001 package_example;
002
003 public_class_StringSample2_{
004 ____public_static_void_main(String[]_args)_{
005 _____System.out.println("--------------------");
006 _____String_str5_=_"abcdefghij";
007 _____String_str6_=_"abc";
008 _____System.out.println("str5_=_"_+_str5);
009 _____System.out.println("str6_=_"_+_str6);
010 _____System.out.println("str5.indexOf(str6)_→_"_+_str5.
    indexOf(str6));
```

1 検索される文字列

2 検索する文字列

3 indexOfメソッドを呼び出す

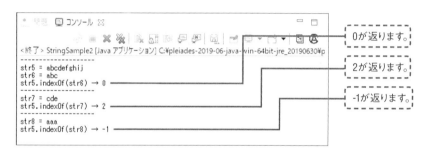

```
011
012 _____System.out.println("--------------------");
013 _____String_str7_=_"cde";
014 _____System.out.println("str7_=_"_+_str7);
015 _____System.out.println("str5.indexOf(str7)_→_"_+_str5.indexOf(s
    tr7));
016
017 _____System.out.println("--------------------");
018 _____String_str8_=_"aaa";
019 _____System.out.println("str8_=_"_+_str8);
020 _____System.out.println("str5.indexOf(str8)_→_"_+_str5.indexOf(s
    tr8));
021 ____}
022 }
```

4 検索する文字列

5 indexOfメソッドを呼び出す

6 検索する文字列

7 indexOfメソッドを呼び出す

```
< 終了 > StringSample2 [Java アプリケーション] C:¥pleiades-2019-06-java-win-64bit-jre_20190630¥p
--------------------
str5 = abcdefghij
str6 = abc
str5.indexOf(str6) → 0
--------------------
str7 = cde
str5.indexOf(str7) → 2
--------------------
str8 = aaa
str5.indexOf(str8) → -1
```

0が返ります。

2が返ります。

-1が返ります。

Point　文字列のインデックスは0始まり

indexOfメソッドでは、文字列のインデックスが0から始まる点に注意しましょう。最初の検索では検索する文字列（"abc"）が、検索される文字列（"abcdefghij"）の1文字目から始まるため、0が返ります。

2番目の検索では指定された文字列が検索される文字列の3文字目から始まるため、2が返ります。

Lesson
45

[ラッパークラス: Integer、Double、Boolean]

ラッパークラスを使ってみましょう

このレッスンの
ポイント

int、double、booleanといった**基本データ型はクラスではないため、メソッドを持っていません。その代わり、基本データ型を操作するための、Integer、Double、Booleanなどのラッパークラスが用意されています。**

→ ラッパークラスとは

Lesson 08で、基本データ型には、int、double、booleanといった型があることを学びました。基本データ型はクラス型ではないため、メソッドを持っていません。したがって、基本データ型の変数に対して、String型の変数のようにメソッド呼び出しを行うことはできません。その代わり、それぞれの基

本データ型に対応したクラスがあり、これらのクラスはラッパークラスと呼ばれています。基本データ型を包む (wrap) 役割を持つためです。ラッパークラスを使うと、それぞれの基本データ型の値をメソッドを使って操作することができます。

▶ 基本データ型に対応するラッパークラス

基本データ型	対応するラッパークラス
int	Integer
double	Double
boolean	Boolean

基本データ型とラッパークラスは語源が同じなのでまぎらわしいですね。見分ける目安は、基本データ型の型名は「小文字始まり」なのに対し、ラッパークラスの型名 (クラス名) は、大文字始まりになっている点です。

ラッパークラスを使う

1 ラッパークラスのメソッドを使う WrapperClassSample.java

新たにWrapperClassSampleクラスを作成します。IntegerクラスのparseIntメソッドを使ってみましょう。文字列型の"123"を変数に代入します❶。この変数

を引数にparseIntメソッドを呼び出します❷。変換結果を表示します❸。

```
003 public_class_WrapperClassSample_{
004 ____public_static_void_main(String[]_args)_{
005 _____String_str1_=_"123";
006 _____int_i1_=_Integer.parseInt(str1);
007 _____System.out.println("str1_=_"_+_str1);
008 _____System.out.println("Integer.parseInt(str1)_→_"_+_i1);
009 ____}
010 }
```

1 文字列"123"を代入

2 整数型に変換して変数に代入

3 変換結果を表示

```
<終了> WrapperClassSample [Java アプリケーション] C:¥pleiades-2019-06-java-win-64bit-jre_2019(
str1 = 123
Integer.parseInt(str1) → 123
```

IntegerクラスのparseIntメソッドは、数字の文字列をint型に変換して返します。staticメソッドなのでインスタンスは生成せず、クラスに対して呼び出します。

2 先頭に+や-がある文字列を変換する

"-123"や、"+123"のように、先頭に+や-がある文字列を変換してみましょう。文字列型の"123"を変数に代

入します。この変数を引数にparseIntメソッドを呼び出します。変換結果を表示します❶❷。

```
      ……前略……
010 _____System.out.println("--------------------");
011 _____String_str2_=_"-123";
012 _____System.out.println("str2_=_"_+_str2);
```

```
013 _____System.out.println("Integer.parseInt(str2)_→_"_+_Integer.
    parseInt(str2));
```

1 "-123"を変換した結果を表示

```
014
015 _____System.out.println("--------------------");
016 _____String_str3_=_"+123";
017 _____System.out.println("str3_=_"_+_str3);
018 _____System.out.println("Integer.parseInt(str3)_→_"_+_Integer.
    parseInt(str3));
```

2 "+123"を変換した結果を表示

```
019 ____}
020 }
```

```
□ 宣言 □ コンソール ※
<終了> WrapperClassSample [Java アプリケーション] C:¥pleiades-2019-06-java-win-64bit-jre_2019C
str1 = 123
Integer.parseInt(str1) → 123
--------------------
str2 = -123
Integer.parseInt(str2) → -123
--------------------
str3 = +123
Integer.parseInt(str3) → 123
```

文字列が解析され、int型の値が返ります。

Point　parseIntメソッドで変換できない文字列

変換対象の文字列が符号付き10進数ではなく、数字と+-記号以外の文字（英字／記号／漢字）が含まれる場合は、実行時エラーになるので注意が必要です。

```
String_str4_=_"123円";

System.out.println("Integer.parseInt(str4)_→_"_+_Integer.
parseInt(str4));

String_str5_=_"$123";

System.out.println("Integer.parseInt(str5)_→_"_+_Integer.
parseInt(str5));
```

```
□ 宣言 □ コンソール ※
<終了> WrapperClassSample [Java アプリケーション] C:¥pleiades-2019-06-java-win-64bit-jre_20190630¥pleiades¥java¥
str1 = 123
Integer.parseInt(str1) → 123
--------------------
str2 = -123
Integer.parseInt(str2) → -123
--------------------
str3 = +123
Integer.parseInt(str3) → 123
Exception in thread "main" java.lang.NumberFormatException: For input string: "123円"
    at java.base/java.lang.NumberFormatException.forInputString(NumberFormatException.java:65)
    at java.base/java.lang.Integer.parseInt(Integer.java:652)
    at java.base/java.lang.Integer.parseInt(Integer.java:770)
    at example.WrapperClassSample.main(WrapperClassSample.java:21)
```

実行するとエラーメッセージが表示されます。

3 parseDoubleメソッドを使う

次にDoubleクラスのparseDoubleメソッドを使ってみ
ましょう。文字列"10.5"を変数str6に代入します❶。

変数str6に対しparseDoubleメソッドを呼び出します
❷。実行結果を確認してください。

```
      ……前略……
020 _____System.out.println("--------------------");
021 _____String_str6_=_"10.5";
022 _____double_d1_=_Double.parseDouble(str6);
023 _____System.out.println("str6_=_"_+_str6);
024 _____System.out.println("Double.parseDouble(str6)_→_"_+_d1);
025 ____}
026 }
```

| 1 | 文字列"10.5"を代入 |
| 2 | double型に変換 |

```
＊  状態  💻 コンソール  ⛶                                          ⬚ ⬚
         🔧 ▣ ✕ ✖ | ▤ 🗐 ▦ 🔲 🔳 | 🗒 | ⇥ 🖵 ▾ 🗂 ▾ | 🖺 ⓐ
<終了> WrapperClassSample [Java アプリケーション] C:¥pleiades-2019-06-java-win-64bit-jre_2019C
str1 = 123
Integer.parseInt(str1) → 123
--------------------
str2 = -123
Integer.parseInt(str2) → -123
--------------------
str3 = +123
Integer.parseInt(str3) → 123
--------------------
str6 = 10.5
Double.parseDouble(str6) → 10.5
```

浮動小数点数に変換されています。

> parseDoubleは、parseIntのdobule型版のメ
> ソッドです。数字で構成された文字列をdouble
> 型の浮動小数点数に変換します。

Lesson
46

［Listインターフェース］
Listインターフェースで
複数のデータを管理しましょう

このレッスンの
ポイント

同じデータ型の複数のデータを扱う場合、Listインターフェースと
ArrayListクラスを使うと、1つの変数に複数のデータを格納するこ
とができます。**格納したデータは、番号を指定して取り出すことがで
きます。**

→ 複数データを扱うCollections Framework

「1週間分の最高気温」「全社員の氏名」のように、
複数の値やインスタンスを取り扱う場合、それらを
まとめて格納できる入れ物としてクラスとインターフ
ェースを使うととても便利です。

Java SEのクラスライブラリには、Collections
Frameworkと呼ばれる入れ物のクラスとインターフ
ェースが多数用意されています。いくつか種類があ
るので、用途に応じて使い分けましょう。

▶ Collections Frameworkの例

リスト

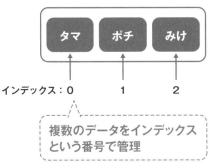

インデックス：0   1   2

複数のデータをインデックス
という番号で管理

マップ

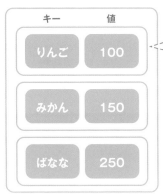

キーという名前と
値のセットで管理

Collections Framework に
はさまざまなインターフェース
とクラスがありますが、その
中からリスト（List）とマップ
（Map）の2種類を紹介します。

⊕ Listインターフェースと ArrayListクラス

Listインターフェースは順序を持った複数のデータを格納するもので、データにインデックスという番号を振って管理します。インターフェースなので単独では使うことができません。ArrayListやLinkedList、Stackなどのクラスに実装されているので、それらの

インスタンスを生成して利用します。ここでは最も一般的なArrayListクラスの使い方を説明します。ArrayListクラスのインスタンスは、ArrayList型変数に入れて使うこともできますが、ここではList型変数に代入します。

▶ ArrayListクラスのインスタンスを生成してList型の変数に代入

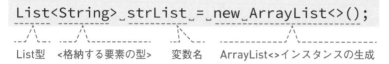

```
List<String>_strList_=_new_ArrayList<>();
```

List型　　<格納する要素の型>　　変数名　　ArrayList<>インスタンスの生成

⊕ リストに格納できる要素

リストに格納する要素の型は、クラス型、もしくはインターフェース型しか指定できません。基本データ型のint、double、booleanを要素の型として指定することはできないので、注意しましょう。以下の例のように、基本データ型 (int、double、boolean) に対応するラ

ッパークラス型 (Integer、Double、Boolean) を指定します。リストに格納する要素の型を<>の中に指定しますが、この<>を使って汎用的な型を定義できる機能をジェネリクス (総称型) と呼びます。

▶ 基本データ型の代わりにラッパークラス型を使用する

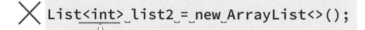

✕ `List<int>_list2_=_new_ArrayList<>();`

基本データ型は指定できない
対応するラッパークラス型を指定する必要がある

○ `List<Integer>_list2_=_new_ArrayList<>();`

1つのリストには、異なる型の要素を格納することはできません。String型を格納するリストを定義した場合は、文字列のみを格納できます。

Chapter 7　クラスライブラリの便利なクラスを使おう

224

リストに要素を格納する

用意したリストへの要素の格納や、格納した要素の取り出しは、リストインターフェースに定義されているメソッドを使います。まずは、Listに要素を格納する際に利用するメソッドから、見ていきましょう。リストに要素を格納するのはaddメソッドです。

格納したデータのことを要素と呼び、インデックスという入れた順の番号で管理します。リストから要素を取り出すときは、getメソッドの引数にインデックスを指定します。

▶ リストに要素を追加して取り出す例

```
List<String>_list1_=_new_ArrayList<>();
list1.add("タマ");
list1.add("ポチ");
//_list1.add(100);………… コンパイルエラー
                    String型のリストにint型の値は入れることはできない

String_name1_=_list1.get(0);…… インデックス0（先頭）に格納されている"タマ"が返る
```

▶ リストのインデックス

```
List<String>_list1_=_new_ArrayList<>();
list1.add("タマ");
list1.add("ポチ");
list1.add("みけ");
```

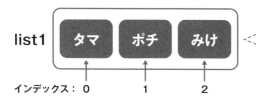

list1 | タマ | ポチ | みけ |

要素を入れた順番（インデックス）で管理される

インデックス: 0　　1　　2

インデックスは0始まりであることに注意してください。1つ目の要素が0、2つ目の要素が1となります。

●Listインターフェースと ArrayListクラスを使ってみる

1 リストに要素を追加する `ListSample.java`

新たにListSampleクラスを作成します。最初に今回利用するListインターフェース (java.util.List) とArrayListクラス (java.util.ArrayList) をインポートします❶❷。mainメソッドの中でList型の変数を宣言し、ArrayListクラスのインスタンスを生成して代入します❸。addメソッドを利用し、リストに要素を追加します❹。

```
001 package_example;
002
003 import_java.util.ArrayList;        1  ArrayListクラスをインポート
004 import_java.util.List;
005                                     2  Listインターフェースをインポート
006 public_class_ListSample_{
007 ____public_static_void_main(String[]_args)_{
008 _____List<Integer>_numberList_=_new_ArrayList<>();
009 _____numberList.add(100);        3  ArrayListクラスのインスタ
010 _____numberList.add(65);            ンスを生成
011 _____numberList.add(80);
012 ____}                               4  リストに要素を追加
013 }
```

2 リストから1つずつ要素を取り出す

リストの要素を取り出してみましょう。添字を指定して1つずつリストの要素を取り出します❶。このプログラムを実行してみましょう。

```
      ……前略……
009 _____numberList.add(100);
010 _____numberList.add(65);
011 _____numberList.add(80);         1  リストから要素を
012                                        取り出す
013 _____System.out.println(numberList.get(0));
014 _____System.out.println(numberList.get(1));
```

```
015 _____System.out.println(numberList.get(2)); ─┐
016 ____}
017 }
```

<終了> ListSample [Java アプリケーション] C:\pleiades-2019-06-java-win-64bit-jre_20190630\pleiad

```
100
65
80
```

リストから取り出された数値が表示されます。

○ リストに文字列のデータを格納する

1 データ型に文字列型を指定してList型の変数を宣言する

次に、データ型に文字列（String）型を指定してList型の変数を宣言します❶。addメソッドを利用し、リストに要素を追加します❷。リストの要素を取り出します❸。実行結果を確認してみましょう。

```
016
017 _____List<String>_petList_=_new_ArrayList<>(); ──
018
019 _____petList.add("にゃんこ"); ──
020 _____petList.add("わんこ");
021 _____petList.add("ハムスター"); ──
022
023 _____System.out.println(petList.get(0)); ──
024 _____System.out.println(petList.get(1));
025 _____System.out.println(petList.get(2)); ──
026 ____}
027 }
```

1 String型を指定して変数を宣言

2 リストに要素を追加

3 リストから要素を取り出す

<終了> ListSample [Java アプリケーション] C:\pleiades-2019-06-java-win-64bit-jre_20190630\pleiad

```
100
65
80
にゃんこ
わんこ
ハムスター
```

リストから取り出された文字列が表示されます。

227

Lesson 47 ［クラス型のインスタンスの扱い］
リストにクラス型のインスタンスを入れましょう

**このレッスンの
ポイント**

リストにクラス型のインスタンスを入れる場合、格納するインスタンスをそれぞれ生成し、ArrayListクラスのインスタンスに格納していきます。インスタンスの中にインスタンスを入れるので、最初は少し不思議に感じるかもしれません。

⊙ リストの要素に指定する型について

List<E> のEの部分には、そのリストに格納したい要素の型を指定しました。リストに格納する要素の型としては、ここまで学んできたString型やInteger型だけでなく、独自に定義したクラス型やインターフェース型を指定することもできます。

例えば、Cat型を要素とするリストを用意すると、Cat型のインスタンスを格納したり、取り出したりすることができます。

▶ Catクラス型を要素としたリストの例

```
Cat_tama_=_new_Cat("タマ",_3);
Cat_mike_=_new_Cat("みけ",_4);
List<Cat>_catList_=_new_ArrayList<>();………… Catクラス型を要素とするリストを定義
catList.add(tama);……………………catListはList<Cat>型で定義しているので、
                                   addメソッドの引数はCat型になる
catList.add(mike);

Cat_cat_=_catList.get(0);………同様に、getメソッドの戻り値もCat型になる
```

最初にCatクラスのインスタンスを生成する処理が加わりますが、よく見るとやっていることは数値や文字列を格納する場合と変わりません。

● リストに猫のインスタンスを入れる

1 Cat型のインスタンスを生成し、リストに追加する　`ListSample2.java`

新たにListSample2クラスを作成します。今回はデータ型にCat型を指定してリストを定義します❶。次にCat型のインスタンスを2つ生成し、それぞれ変数tama、変数mikeに代入します❷。addメソッドを利用し、リストに変数tamaと変数mikeを追加します❸。

```
001  package example;
002
003  import java.util.ArrayList;
004  import java.util.List;
005
006  public class ListSample2 {
007      public static void main(String[] args) {
008          List<Cat> catList = new ArrayList<>();
009          Cat tama = new Cat();
010          Cat mike = new Cat();
011          catList.add(tama);
012          catList.add(mike);
013      }
014  }
```

1 Cat型を指定して変数を定義

2 Cat型のインスタンスを生成

3 リストに要素を追加

> リストから取り出したCatクラスのインスタンスでも、これまでと同じようにeatメソッドやplayToyメソッドを呼び出すことができます。

2 リストからインスタンスを取り出し、メソッドを実行する

リストからインスタンスを取り出してみましょう。get メソッドの引数に添字を指定してリストの要素を取り出し、変数に代入します❶。次に取り出した Cat 型のインスタンスのメソッドを呼び出してみましょう❷❸❹❺。

```
          ……前略……
013
014 _____Cat_cat1_=_catList.get(0);          ① リストから要素を取り出す
015 _____Cat_cat2_=_catList.get(1);
016
017 _____System.out.println();
018 _____System.out.println("-----_Listから取り出した先頭のCat型のインスタンスの
     メソッドを呼び出す_-----");
                                                 ② eatメソッドを呼び出す
019 _____cat1.eat();
                                                 ③ playToyメソッドを呼び出す
020 _____cat1.playToy();
021 _____System.out.println("-----_Listから取り出した2件目のCat型のインスタンス
     のメソッドを呼び出す_-----");
                                                 ④ eatメソッドを呼び出す
022 _____cat2.eat();
                                                 ⑤ playToyメソッドを呼び出す
023 _____cat2.playToy();
024 ____}
025 }
```

インスタンスのメソッドの実行結果が表示されます。

Lesson 48 ［拡張for文］ 拡張for文でリストを 繰り返し処理しましょう

このレッスンの
ポイント

リストと繰り返し処理を組み合わせると、複数のデータを一括して処理することができます。普通のfor文で繰り返し処理することもできますが、リストに適した拡張for文がおすすめです。リストから要素を1つずつ取り出す部分を、シンプルに記述できます。

→ リストに対応した拡張for文

Chapter 3では、繰り返しの処理としてfor文を学びましたが、リストでは拡張for文を利用することができます。通常のfor文は繰り返す条件を指定する必要がありますが、拡張for文は「リストが入った変数」と「取り出した要素を入れる変数」を指定するだけで、全要素に対する繰り返し処理を行うことができます。繰り返し条件を指定する必要がないため、要素数の指定を間違えて、存在しない要素を取り出してエラーになるようなプログラミングミスを避けることができます。

▶ 拡張for文の書式

取り出した要素を入れる変数　　コロン　　リストを入れた変数

```
for (String str : list) {
     繰り返したい処理
}
```

繰り返しのたびに、要素の変数にリストから取り出された要素が入ります。

● 繰り返し処理を使ってリストから要素を取り出す

1 リストに要素を追加する ListLoopSample.java

新たにListLoopSampleクラスを作成します。mainメ
ソッドの中で、ArrayListクラスのインスタンスを生
成します❶。

addメソッドを利用し、リストに要素を追加します❷。
ここまではLesson5の手順と同じです。

```
001  package_example;
002
003  import_java.util.ArrayList;
004  import_java.util.List;
005
006  public_class_ListLoopSample_{
007  ____public_static_void_main(String[]_args)_{
008  _____List<Integer>_numberList_=_new_ArrayList<>();
009
010  _____numberList.add(100);
011  _____numberList.add(65);
012  _____numberList.add(80);
013  ____}
014  }
```

1 ArrayList クラスのインスタンスを生成

2 リストに要素を追加

Chapter 7 クラスライブラリの便利なクラスを使おう

2 拡張for文を使ってリストから要素を取り出す

次に拡張for文を使って、リストから要素を取り出します❶。

```
        ……前略……
012 _____numberList.add(80);
013
014 _____System.out.println();
015 _____System.out.println("---_拡張for文を使って、リストから要素を取り出す
        _---");
016 _____for_(int_number_:_numberList)_{ ———  1  リストから要素を取り出す
017 _____System.out.println(number);
018 _____}
019 ____}
020 }
```

```
*  問題  □ コンソール ※
        ■ ■ ✖ ✖ | ▤ ▦ ▦ ▦ | ▤ | ➡ ▭ ▾ ▭ ▾ | ▣ Ⓐ
<終了> ListLoopSample [Java アプリケーション] C:¥pleiades-2019-06-java-win-64bit-jre_20190630¥
--- 拡張for文を使って、リストから要素を取り出す ---
100
65
80
```

リスト内の全要素が表示されます。

👍 ワンポイント 通常のfor文で繰り返し処理する場合は

何かの理由で拡張for文の代わりに通常のfor文を使う場合、インデックスを繰り返すように条件を指定し、getメソッドで要素を取り出します。

```
for_(int_i=0;_i<3;_++i)_{ ················· インデックスを繰り返す条件を記述
____int_number_=_numberList.get(i); ··· getメソッドで取り出す
____Syste.out.println(number);
}
```

Lesson
49

[リストの活用：ペットアプリ]
リストを使う形にペットアプリを改造しましょう

このレッスンの
ポイント

リストと拡張for文の総まとめとして、Chapter 6で作成したインターフェースやクラスを使い、複数の犬や猫のペットと触れ合うアプリを作ってみましょう。このプログラムが理解できれば、リストの基本はおおむね完了です。

ここで作るアプリのイメージ

ここまで、リストや拡張for文の基本的な使い方について学んできました。おさらいのために、実際のアプリでここまでに学んだリストや拡張for文を使っ

てみましょう。Chapter 6で作成したPetインターフェースやCatクラス、Dogクラスを使い、複数のインスタンスをまとめて繰り返し処理します。

▶ アプリで実行する処理

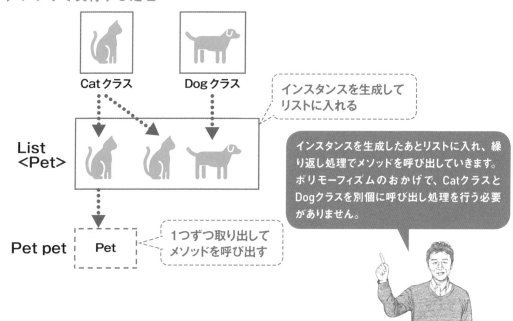

Catクラス　　　Dogクラス

インスタンスを生成して
リストに入れる

List
<Pet>

インスタンスを生成したあとリストに入れ、繰り返し処理でメソッドを呼び出していきます。ポリモーフィズムのおかげで、CatクラスとDogクラスを別個に呼び出し処理を行う必要がありません。

Pet pet　　Pet

1つずつ取り出して
メソッドを呼び出す

● リストとインターフェースの組み合わせ

1 Petインターフェース型を入れるリストを作る　ListLoopSample2.java

リストを使う形にペットアプリを改造しましょう。新たに ListLoopSample2 クラスを作成します。データ型に Pet インターフェース型を指定してリストを定義します❶。次に Pet インターフェース型の変数 tama と変数 pochi にそれぞれ Cat 型と Dog 型のインスタンスを代入します❷❸。

```
001 package_example;
002
003 import_java.util.ArrayList;
004 import_java.util.List;
005
006 public_class_ListLoopSample2_{
007 ____public_static_void_main(String[]_args)_{
008 _____List<Pet>_petList_=_new_ArrayList<>();
009 _____Pet_tama_=_new_Cat();
010 _____Pet_pochi_=_new_Dog();
011 ____}
012 }
```

1 ArrayList クラスのインスタンスを生成

2 Cat クラスのインスタンスを生成

3 Dog クラスのインスタンスを生成

> ここでは Cat、Dog クラスのインスタンスをそれぞれ1つ作成していますが、もっとたくさん作成してリストに追加しても大丈夫です。

2 リストから取り出したペットのメソッドを呼び出す

addメソッドを利用し、リストに変数tamaと変数pochiを追加します❶。

getメソッドでリストの要素を取り出し変数pet1、変

数pet2に代入します❷。変数pet1、変数pet2に対しそれぞれメソッドを呼び出してみましょう❸❹❺❻。

```
      ……前略……
006  public_class_ListLoopSample2_{
007  ____public_static_void_main(String[]_args)_{
008  _____List<Pet>_petList_=_new_ArrayList<>();
009  _____Pet_tama_=_new_Cat();
010  _____Pet_pochi_=_new_Dog();
011
012  _____petList.add(tama);         1 リストに要素を追加
013  _____petList.add(pochi);
014
015  _____System.out.println();
016  _____System.out.println("---_繰り返しを使わず、1件ずつリストの要素を取り出す_---");
017  _____Pet_pet1_=_petList.get(0);    2 リストから要素を取り出す
018  _____Pet_pet2_=_petList.get(1);
019
020  _____pet1.eat();               3 eatメソッドを呼び出す
021  _____pet1.playToy();           4 playToyメソッドを呼び出す
022  _____pet2.eat();               5 eatメソッドを呼び出す
023  ____}
024  }
```

コンソール

```
<終了> ListLoopSample2 [Java アプリケーション] C:¥pleiades-2019-06-java-win-64bit-jre_20190630

--- 繰り返しを使わず、1件づつリストの要素を取り出す ---
ご飯を食べるよ！おいしいにゃー
お腹が一杯になったにゃー
おもちゃで遊ぶよ。楽しいにゃー
遊んでお腹が減ったにゃー
ご飯を食べるよ！おいしいワン
お腹が一杯になったワン
```

インスタンスのメソッドの実行結果が表示されます。

3 拡張for文を使った場合

次は拡張for文を使って、要素を取り出し、インスタンスを利用してみましょう。for文のブロック内で、変数petに対し、eatメソッド、playToyメソッドを呼び出します❶❷。

```
      ……前略……
020 ＿＿＿＿＿＿＿pet1.eat();
021 ＿＿＿＿＿＿＿pet1.playToy();
022 ＿＿＿＿＿＿＿pet2.eat();
023
024 ＿＿＿＿＿＿＿System.out.println();
025 ＿＿＿＿＿＿＿System.out.println("---_拡張for文を使って、リストから要素を取り出す_---");
026 ＿＿＿＿＿＿＿for_(Pet_pet_:_petList)_{
027 ＿＿＿＿＿＿＿＿＿＿pet.eat();
028 ＿＿＿＿＿＿＿＿＿＿pet.playToy();
029 ＿＿＿＿＿＿＿}
030 ＿＿＿＿}
031 }
```

1 eatメソッドを呼び出す

2 playToyメソッドを呼び出す

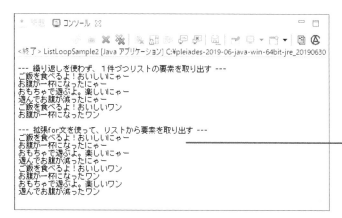

拡張for文を利用して、インスタンスのメソッドを実行します。

拡張for文のおかげで呼び出し処理がシンプルになっています。

Lesson
50
[Mapインターフェースと HashMapクラス]
Mapインターフェースで
データを格納してみましょう

**このレッスンの
ポイント**

今度はCollections Frameworkのマップを使ってみましょう。マップはデータに名前を付けて管理するデータ構造です。インデックスの代わりに名前で取り出すことができます。実際にはMapインターフェースとそれを実装したHashMapクラスを利用します。

→ Mapインターフェースと HashMapクラス

リストはインデックスという番号で取り出すため、先頭から順番に処理するときは便利ですが、「たくさんの氏名の中から『田中さん』のデータを抜き出す」といった用途だと使いにくいことがあります。そのようなデータにはマップのほうが適しています。マッ

プは、入れる際に要素と一緒にキー（名前）を入れ、取り出す際はキーを指定して要素を取り出します。Javaでマップを利用するには、Mapインターフェースと HashMapクラスを利用します。キーと値があるので、「Map<キーの型, 値の型>」の形で指定します。

▶ HashMapクラスのインスタンスを生成してMap型の変数に代入

```
Map<String, Integer> fruitsMap = new HashMap<>();
```

Map型　　値の型　　HashMap<>インスタンスの生成

キーの型　　変数名

▶ Mapのデータ構造

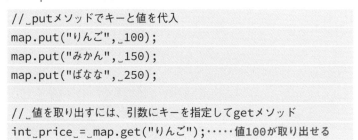

```
// putメソッドでキーと値を代入
map.put("りんご", 100);
map.put("みかん", 150);
map.put("ばなな", 250);

// 値を取り出すには、引数にキーを指定してgetメソッド
int price = map.get("りんご"); ……値100が取り出せる
```

HashMap クラス型のインスタンス

キー	値
りんご	100
みかん	150
ばなな	250

マップを使ってみる

果物の名前をキーにして、その値段をマップで扱うプログラムを作成してみましょう。

1 マップを使う準備をする `MapSample.java`

新たにMapSampleクラスを作成します。最初に今回利用するHashMapクラス（java.util.HashMap）、Mapインターフェース（java.util.Map）のimport定義をします❶❷。mainメソッドの中で、Map型の変数を宣言し、データ型にString型とInteger型を指定してHashMapを生成します❸。

```
001 package example;
002
003 import java.util.HashMap;        1 HashMapクラスをインポート
004 import java.util.Map;
005                                  2 Mapインターフェースをインポート
006 public class MapSample {
007     public static void main(String[] args) {
008         Map<String, Integer> fruitsMap = new HashMap<>();
009     }
010 }                                3 HashMapクラスのインスタンスを
                                       生成
```

2 マップに要素を追加する

putメソッドを使ってマップに要素を追加します。キーと値のセットを引数に指定してputメソッドを呼び出します❶。

```
     ……前略……
006 public class MapSample {
007     public static void main(String[] args) {
008         Map<String, Integer> fruitsMap = new HashMap<>();
009
010         fruitsMap.put("りんご", 100);     1 マップに要素を追加
011         fruitsMap.put("みかん", 150);
012         fruitsMap.put("ばなな", 250);
013     }
014 }
```

NEXT PAGE → | 239

3 マップから値を取り出す

getメソッドを使ってマップから値を取り出します。
引数にキーを指定してgetメソッドを呼び出します❶。

このプログラムを実行してみましょう。

```
     ……前略……
010 _____fruitsMap.put("りんご",_100);
011 _____fruitsMap.put("みかん",_150);
012 _____fruitsMap.put("ばなな",_250);
013
014 _____System.out.println("りんご:"_+_fruitsMap.get("りんご"));
015 _____System.out.println("みかん:"_+_fruitsMap.get("みかん"));
016 _____System.out.println("ばなな:"_+_fruitsMap.get("ばなな"));
017 ____}
018 }
```

1 マップから値を取り出す

```
問題 コンソール ※
<終了> MapSmaple [Java アプリケーション] C:¥pleiades¥java¥11¥bin¥javaw.exe  (2020/10/13 16:2
りんご : 100
みかん : 150
ばなな : 250
```

マップから取り出したキーと値が表示されます。

Listインターフェースではaddメソッドで要素を追加しましたが、Mapインターフェースではputメソッドで要素を追加します。取り出すときはどちらもgetメソッドです。

● マップでクラスのインスタンスを扱う

次はペットの所有者をキーにして、ペットをマップで扱うサンプルを作成しましょう。

1 データ型にPet型を指定してHashMapを生成する `MapSample2.java`

新たにMapSample2クラスを作成します。冒頭の
import定義は先ほどのMapSampleクラスと同様です。
今回はデータ型にString型とPet型を指定して

HashMapを生成します❶。次に、Petインターフェース型の変数pet1、変数pet2に、それぞれCat型とDog型のインスタンスを代入します❷❸。

```
001 package example;
002
003 import java.util.HashMap;
004 import java.util.Map;
005
006 public class MapSample2 {
007     public static void main(String[] args) {
008         Map<String, Pet> petMap = new HashMap<>();
009
010         Pet pet1 = new Cat();
011         Pet pet2 = new Dog();
012     }
013 }
```

1 HashMapクラスのインスタンスを生成

2 Catクラスのインスタンスを生成

3 Dogクラスのインスタンスを生成

2 マップに所有者とペットをセットにして追加する

putメソッドを使ってマップに要素を追加します。キーにペットの所有者、値に各ペットのインスタンスをセットにして、マップに入れます❶。また、Catク

ラスのインスタンスを生成して、putメソッドの引数に直接指定することもできます❷。

```
      ……前略……
010 _____Pet_pet1_=_new_Cat();
011 _____Pet_pet2_=_new_Dog();
012
013 _____petMap.put("佐藤さん",_pet1);
014 _____petMap.put("鈴木さん",_pet2);
015 _____petMap.put("田中さん",_new_Cat());
016 ____}
017 }
```

1 マップに要素を追加

2 Catクラスのインスタンスを生成して引数に指定

3 マップから鈴木さんのペットを取り出す

getメソッドを使ってマップから鈴木さんのペットを取り出してみましょう。引数にキー("鈴木さん")を指

定してgetメソッドを呼び出します❶。取り出したCatクラスのインスタンスのメソッドを呼び出します❷。

```
      ……前略……
015 _____petMap.put("田中さん",_new_Cat());
016
017 _____System.out.println();
018 _____System.out.println("---_Mapから取り出した鈴木さんのペットに、ご飯をあげます_---");
019 _____Pet_petOwnedBySuzuki_=_petMap.get("鈴木さん");
020 _____petOwnedBySuzuki.eat();
021 ____}
022 }
```

1 マップからペットのインスタンスを取り出す

2 eatメソッドを呼び出す

```
  学題  コンソール ✕                                          □ □
                ✕ ✕   ✕  ✕  ✕ ✕ ✕ ✕  ✕ ✕ ✕  ✕ ✕ ▼  ▼  ▼  ▼  ▼
<終了> MapSample2 [Java アプリケーション] C:¥pleiades-2019-06-java-win-64bit-jre_20190630¥ple

--- Mapから取り出した鈴木さんのペットに、ご飯をあげます ---
ご飯を食べるよ！おいしいワン
お腹が一杯になったワン
```

マップから取り出したインスタンスのメソッドが実行されます。

4 | マップから他の所有者のペットを取り出す

同様に、マップから各所有者のペットを取り出し、メソッドを呼び出してみましょう。引数に"田中さん"を指定してgetメソッドを呼び出します❶。取り出したインスタンスのメソッドを呼び出します❷。続い

て引数に"佐藤さん"を指定してgetメソッドを呼び出し❸、取り出したインスタンスのメソッドを呼び出します❹。実行結果を確認しましょう。

```
          ……前略……
020 _____petOwnedBySuzuki.eat();
021
022 _____System.out.println();
023 _____System.out.println("---_Mapから取り出した田中さんのペットに、ご飯をあげます_---");
024 _____Pet_petOwnedByTanaka_=_petMap.get("田中さん");
025 _____petOwnedByTanaka.eat();
026
027 _____System.out.println();
028 _____System.out.println("---_Mapから取り出した佐藤さんのペットに、ご飯をあげます_---");
029 _____Pet_petOwnedBySato_=_petMap.get("佐藤さん");
030
031 _____petOwnedBySato.eat();
032 ____}
033 }
```

1 マップからPetのインスタンスを取り出す

2 eatメソッドを呼び出す

3 マップからPetのインスタンスを取り出す

4 eatメソッドを呼び出す

```
コンソール ☒

<終了> MapSample2 [Java アプリケーション] C:¥pleiades-2019-06-java-win-64bit-jre_20190630¥ple

--- Mapから取り出した鈴木さんのペットに、ご飯をあげます ---
ご飯を食べるよ！おいしいワン
お腹が一杯になったワン

--- Mapから取り出した田中さんのペットに、ご飯をあげます ---
ご飯を食べるよ！おいしいにゃー
お腹が一杯になったにゃー

--- Mapから取り出した佐藤さんのペットに、ご飯をあげます ---
ご飯を食べるよ！おいしいにゃー
お腹が一杯になったにゃー
```

他のインスタンスも取り出して実行します。

ワンポイント マップに格納した内容を繰り返し文を使って取り出す方法

リストに格納された要素は、拡張for文を使って取り出すことができましたが、マップの場合は拡張for文を使うことができないため、工夫が必要です。keySetメソッドを使うと、マップにput した際のキーを取り出すことができます。マップのgetメソッドをそのキーを引数にして呼び出すと、マップに入れた値（Pet）を取り出せます。

▶ keySetメソッドを使ってキーを取り出す　　MapSample3.java

```
      ……前略……
015
016          for (String key : petMap.keySet()) {
          ……… 拡張for文の「:」の後ろにMapのkeySet()メソッドを指定し、キーを取り出す
017
018              System.out.println();
019              System.out.println("--- Mapから取り出した" + key + "
    のペットに、ご飯をあげます ---");
020
021              Pet petFromMap = petMap.get(key);
                   …………… 取り出したキーを指定してgetメソッドで値を取り出す
022
023              petFromMap.eat();
024
025          }
026
027      }
028
029 }
```

```
問題  コンソール

<終了> MapSample3 [Java アプリケーション] C:¥pleiades-2019-06-java-win-64bit-jre_20190630¥ple

--- Mapから取り出した佐藤さんのペットに、ご飯をあげます ---
ご飯を食べるよ！おいしいにゃー
お腹が一杯になったにゃー

--- Mapから取り出した田中さんのペットに、ご飯をあげます ---
ご飯を食べるよ！おいしいにゃー
お腹が一杯になったにゃー

--- Mapから取り出した鈴木さんのペットに、ご飯をあげます ---
ご飯を食べるよ！おいしいワン
お腹が一杯になったワン
```

拡張for文ですべてのインスタンスを取り出して実行します。

Chapter

8

「継承」を使って効率よくクラスを作成しよう

オブジェクト指向の最後の要素として「継承」を学びましょう。継承は既存のクラスを引き継いだ新たなクラスを作る仕組みで、コードを再利用して効率よくクラスを作ることができます。

Lesson 51 ［継承とは］ 継承の目的とメリットを 知りましょう

このレッスンの
ポイント

CatクラスとDogクラスのような同種のクラスを作成していると、どうしても似たようなコードを書くことになります。この問題を解決するのが「継承」です。ここでは、どんな場合に継承を使うと効率よくクラスを作ることができるのかを知りましょう。

→ コードが重複する問題を解決するには

これまで作ってきたCatクラスとDogクラスに、名前を記憶させるnameフィールドと、セッター／ゲッターを追加することを考えてみましょう。2つのクラスに対してまったく同じコードを記述するしかありませんね。これだと、他の動物用のクラスを作る場合

もまったく同じコードを書くことになります。また、重複した部分を修正することになった場合、全クラスを修正することになってしまいます。この問題を解決する仕組みが「継承」です。

▶ 継承を使わずに、CatクラスとDogクラスを定義すると……

Catクラスの定義

```java
public class Cat {
    private String name;
    private int age;

    public String getName() {
        return name;
    }
    public void setName(String name) {
        this.name = name;
    }
    ....

    // Catクラスの独自メソッド
    public void eat() {
        System.out.println("おいしいにゃー");
    }
}
```

この部分は同じ ←→

Dogクラスの定義

```java
public class Dog {
    private String name;
    private int age;

    public String getName() {
        return name;
    }
    public void setName(String name) {
        this.name = name;
    }
    ....

    // Dogクラスの独自メソッド
    public void eat() {
        System.out.println("おいしいワン");
    }
}
```

独自メソッド以外は同じコードが重複している。同じコードを2重に書く必要がある

プログラミングにおいて、「重複したコードを書く」ことは悪です。

継承のメリット

継承は、元となるクラスのフィールドとメソッドを引き継いだ新たなクラスを作るための仕組みです。複数のクラスで共通するフィールドやメソッドを持つクラスを定義しておき、そのクラスを継承したクラスを作ることで、それぞれのクラスに重複して同じフィールドやメソッドを定義する必要がなくなります。

継承元となるクラスのことをスーパークラス、継承したクラスのことをサブクラスと呼びます。ここまでで学習したCatクラスやDogクラスを、継承を利用して作ることを考えてみましょう。

今回は、CatクラスとDogクラスの共通したフィールド／メソッドを持つスーパークラスとして、Animalクラスを定義します。

このAnimalクラスを継承したサブクラスとして、CatクラスとDogクラスを定義すると、CatクラスとDogクラスに共通したフィールド／メソッドを定義する必要がなくなります。

▶ 継承を使ってCatクラスとDogクラスを定義

Animalクラス（スーパークラス）の定義

```
public class Dog {
    private String name;
    private int age;
    public String getName(){
        return name;
    }
    public void setName(String name){
        this.name = name;
    }・・・・
```

Animalクラスを継承した Catクラス（サブクラス）の定義

```
public class Cat  extends Animal {
// Cat クラスの独自メソッド
    public void eat() {
        System.out.println(" おいし
いにゃー ");
    }
}
```

Animalクラスを継承した Dogクラス（サブクラス）の定義

```
public class Dog  extends Animal {
// Dog クラスの独自メソッド
    public void eat() {
        System.out.println(" おいし
いワン ");
    }
}
```

独自部分のみを定義

継承してクラスを定義すると、それぞれの独自部分のみを定義すればよいので、コードの重複がなくなります。

Lesson 52 [サブクラスの定義]
継承を利用してサブクラスを定義しましょう

このレッスンのポイント

サブクラスの定義の仕方を学んで実践してみましょう。サブクラスの定義時に継承元のスーパークラスを指定するだけなので、そう難しいことはありません。また、継承元となるスーパークラスの定義方法も、他のクラス定義と比べて特別なことは何もありません。

➡ 継承したサブクラスを定義する

スーパークラスを継承したサブクラスの定義の書式を見てみましょう。今までのクラス定義のあとに「extends スーパークラス名」を付けることで、スーパークラスを継承したサブクラスを定義できます。

▶ サブクラスを定義する書式

アクセス修飾子　　　　クラス名　　　　スーパークラスのクラス名

```
public class Cat extends Animal {
```

　　　　　　class　　　　extends

▶ Animalクラスを継承したCatクラスの定義

```
public class Cat extends Animal {
    ...
}
```

▶ Animalクラスを継承したDogクラスの定義

```
public class Dog extends Animal {
    ...
}
```

複数のクラスを継承することはできない

複数のクラスを継承すること（多重継承）はできません。クラスを定義する際のextendsのあとには、1つのクラスしか指定することができません。以下のように、AクラスとBクラスの両方を継承するCクラスを定義しようとすると、コンパイルエラーになります。

▶ 複数のクラスの継承はコンパイルエラーになる

```
public_class_C_extends_A,_B_{ ‥‥コンパイルエラー
 ‥‥
}
```

複数のクラスの継承を許すと、複数のスーパークラスに同名のメソッドやフィールドがあった場合に混乱が生じます。それを防ぐためのルールです。

 ## ワンポイント インターフェースと継承の違い

インターフェースと継承は、どちらも何かを引き継ぐ仕組みなので、混同されがちです。実は継承でもポリモーフィズムは実現できるので、その点でも似ています。インターフェースはポリモーフィズムのみを実現し、継承はポリモーフィズムにも使えますが、コードの再利用に重きを置いた機能です。

- 継承は「1つしか継承できない。フィールドやメソッドの定義が引き継がれる」
- インターフェースは「複数実装できる。引き継がれるのは、どんなメソッドを持つかという情報と型」

● 継承を利用してサブクラスを定義しよう

1 プロジェクトを作成する

最初にこの章のためのプロジェクトを作成します。プロジェクト名はChapter8とします。

[プロジェクト名]を「Chapter8」とします。

2 Animalクラスを定義する　Animal.java

継承元となるクラス（スーパークラス）として、新たに Animalクラスを作成します。パッケージ名はexampleと します。このクラスには、Animalクラスを継承するCat クラスとDogクラスで共通のフィールド／メソッドを定義 します。今回は、Chapter 5で定義したCatクラスのフィールド／メソッドのうち、CatクラスとDogクラスで共通 して使えるメンバーをAnimalクラスの中で定義します **❶❷**。

```
001 package_example;
002
003 public_class_Animal_{
004 ____private_String_name;
005 ____private_int_age;
006 ____private_boolean_hungry;
007
008 ____public_void_setName(String_name)_{
009 _____this.name_=_name;
010 ____}
011
012 ____public_String_getName()_{
013 _____return_name;
014 ____}
015
```

1 フィールドを定義

2 メソッドを定義

```
016    ____public_void_setAge(int_age)_{
017    _____this.age_=_age;
018    ____}
019
020    ____public_int_getAge()_{
021    _____return_age;
022    ____}
023
024    ____public_void_setHungry(boolean_hungry)_{
025    _____this.hungry_=_hungry;
026    ____}
027
028    ____public_boolean_isHungry()_{
029    _____return_hungry;
030    ____}
031
032    ____public_void_printMessage(String_message)_{
033    _____System.out.println(name_+_">_"_+_message);
034    ____}
035
036    ____public_void_introduceMyself()_{
037    _____printMessage("名前は"_+_getName()_+_"です、"_+_getAge()_+_"歳です。");
038    ____}
039 }
```

Point 定義しているフィールド／メソッド

Animalクラスには3つのフィールドと、それ
ぞれのセッター／ゲッター、printMessageメ
ソッドとintroduceMySelfメソッドを定義して

います。どれも今までのサンプルで定義して
きたものです。

スーパークラスはサブクラスと区別するための
呼び方で、それ自体は通常のクラスです。で
すから、定義方法も今までのクラスと同じです。

3 Animalクラスを継承したCatクラスを定義する Cat.java

Animalクラスを継承したCatクラスを作成します❶。コンストラクターの中で、Animalクラスで定義されているsetNameメソッド、setAgeメソッドを呼び出し

ます❷❸。その他、Chapter 5までと同様にCatクラスに必要なメソッドを定義します❹。

```
001  package example;
002
003  public class Cat extends Animal {
004      public Cat(String name, int age) {
005          setName(name);
006          setAge(age);
007          System.out.println("コンストラクター:Cat(String name, int age)が呼び出された");
008          System.out.println(" 引数:name=" + name + ", age=" + age);
009      }
010
011      public void eat() {
012          eat("ご飯");
013      }
014
015      public void eat(String food) {
016          printMessage(food + "を食べるよ!おいしいにゃー");
017          printMessage("お腹が一杯になったにゃー");
018          setHungry(false);
019      }
020
021      public void playToy(String toy) {
022          printMessage(toy + "で遊ぶよ。楽しいにゃー");
023          printMessage("遊んでお腹が減ったにゃー");
024          setHungry(true);
025      }
026
027      public void playToy() {
028          playToy("おもちゃ");
029      }
030  }
```

1 Animalクラスを継承して定義

2 setNameメソッドを呼び出す

3 setAgeメソッドを呼び出す

4 その他のメソッドを定義

4 Animalクラスを継承したDogクラスを定義する　Dog.java

次にAnimalクラスを継承したDogクラスを作成します。内容はCatクラスとほぼ同じです。

```
001 package_example;
002
003 public_class_Dog_extends_Animal_{
004 ____public_Dog(String_name,_int_age)_{
005 _____setName(name);
006 _____setAge(age);
007 _____System.out.println("コンストラクター:Dog(String_name,_int_age)が呼
    び出された");
008 _____System.out.println("__引数：name="_+_name_+_",_age="_+_age);
009 ____}
010
011 ____public_void_eat()_{
012 _____eat("ご飯");
013 ____}
014
015 ____public_void_eat(String_food)_{
016 _____printMessage(food_+_"を食べるよ！おいしいワン");
017 _____printMessage("お腹が一杯になったワン");
018 _____setHungry(false);
019 ____}
020
021 ____public_void_playToy(String_toy)_{
022 _____printMessage(toy_+_"で遊ぶよ。楽しいワン");
023 _____printMessage("遊んでお腹が減ったワン");
024 _____setHungry(true);
025 ____}
026
027 ____public_void_playToy()_{
028 _____playToy("おもちゃ");
029 ____}
030 }
```

Lesson 53 ［継承したサブクラスの利用］
継承して定義したサブクラスを利用してみましょう

このレッスンの
ポイント

サブクラスの使い方を学びましょう。サブクラスのインスタンスは、スーパークラスで定義したフィールド／メソッドを普通に利用できます。利用する側から見ると、継承しているかどうかはさほど意識する必要はありません。

→ サブクラスのインスタンスに対するメソッドの呼び出し

スーパークラスに定義されているメソッドは、サブクラスのインスタンスに対しても呼び出し可能です。
下の例を見てください。Animalクラスを継承したサブクラスCatクラスのインスタンス生成は、これまでと同様の書き方です。そのあとのCatクラスのeatメソッドの呼

び出し方も同様です。さらに、introduceMyselfメソッドはサブクラスのCatクラスには定義されていませんが、スーパークラスのAnimalクラスに定義されているので、Cat型のインスタンスに対して呼び出すことができます。

▶ 継承して定義したサブクラスの利用例

```
Cat cat = new Cat("タマ", 3);  ····サブクラスであるCatクラス型のインスタンスを生成
cat.eat();                   ·······Catクラスに定義されているメソッドの呼び出し
cat.introduceMyself();       ·········Animalクラスに定義されているメソッドの呼び出し
```

要するに、前のLessonで作成したCatクラスのインスタンスは、AnimalクラスとCatクラスの両方で定義したすべてのメソッドを利用できます。

● CatクラスとDogクラスを利用するアプリを作成する

1 Catクラスを利用するクラスを作成する `ExtendSampleApp.java`

新たにExtendSampleAppクラスを作成します。この クラスにはmainメソッドを追加してください。main メソッドの中でCatクラスをインスタンス化し、Cat型 の変数tamaに代入します❶。続けてCatクラスのイ ンスタンスに対し、各メソッドを呼び出します。Cat クラスで定義されているeatメソッドを呼び出します

❷。スーパークラスであるAnimalクラスで定義され ているintroduceMyselfメソッドを呼び出します❸。 同じくAnimalクラスで定義されているsetAgeメソッ ドを呼び出します❹。再度introduceMyselfメソッド を呼び出します❺。

```
001  package example;
002
003  public class ExtendSampleApp {
004      public static void main(String[] args) {
005          Cat tama = new Cat("タマ", 3);      ┤1 Catクラスをインスタンス化
006
007          tama.eat();                         ┤2 eatメソッドを呼び出す
008          tama.introduceMyself();             ┤3 introduceMyselfメソッドを呼び出す
009          tama.setAge(4);                     ┤4 setAgeメソッドを呼び出す
010          tama.introduceMyself();             ┤5 introduceMyselfメソッドを呼び出す
011      }
012  }
```

コンソール

<終了> ExtendSampleApp [Java アプリケーション] C:¥pleiades-2019-06-java-win-64bit-jre_2019063
コンストラクター:Cat(String name, int age)が呼び出された ──── Catクラスのコンストラクターが呼び出されます。
　引数：name=タマ, age=3
タマ＞ ご飯を食べるよ！おいしいにゃー
タマ＞ お腹が一杯になったにゃー ──── Catクラスのメソッドが呼び出されます。
タマ＞ 名前はタマです、3歳です。
タマ＞ 名前はタマです、4歳です。 ──── Animalクラスのメソッドが呼び出されます。

NEXT PAGE → |

2 Dogクラスも利用してみる

同じクラスの中でDogクラスのメソッドも利用してみ
ましょう。Dogクラスをインスタンス化し、Dogクラ
ス型の変数pochiに代入します❶。Dogクラスで定

義されているdogメソッドを呼び出します❷。Animal
クラスで定義されているintroduceMyselfメソッドを
呼び出します❸。

```
001  package_example;
002
003  public_class_ExtendSampleApp_{
004  ____public_static_void_main(String[]_args)_{
005  _____Cat_tama_=_new_Cat("タマ",_3);
006
007  _____tama.eat();
008  _____tama.introduceMyself();
009  _____tama.setAge(4);
010  _____tama.introduceMyself();
011
012  _____Dog_pochi_=_new_Dog("ポチ",_5);
013
014  _____pochi.eat();
015  _____pochi.introduceMyself();
016  ____}
017  }
```

1 Dogクラスをインスタンス化

2 eatメソッドを呼び出す

3 introduceMyselfメソッドを呼び出す

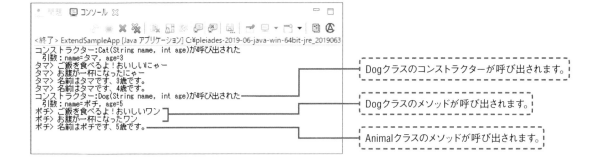

Dogクラスのコンストラクターが呼び出されます。

Dogクラスのメソッドが呼び出されます。

Animalクラスのメソッドが呼び出されます。

[継承とインターフェース]

継承とインターフェースを
併用してみましょう

このレッスンの
ポイント

今度は継承とインターフェースを組み合わせて使ってみましょう。
Chapter 6で解説したインターフェースを採り入れるとポリモーフィ
ズムが利用できるので、CatクラスとDogクラスを利用するコードを
統一することができます。

インターフェースの利用

継承を利用してCatクラスとDogクラスを作成しましたが、このままだとChapter 6で解説したポリモーフィズムが使えません。必要な抽象メソッドを定義したPetインターフェースを用意し、CatクラスとDogクラスの利用方法を統一しましょう。

▶ Petインターフェースを追加してポリモーフィズムを実現

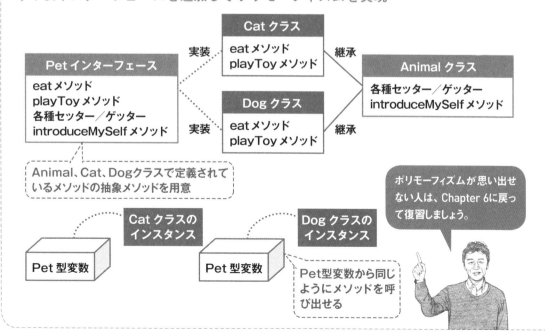

● インターフェースの実装とクラスの継承を組み合わせてみよう

1 Petインターフェースを作成する　`Pet.java`

Chapter 6ではPetインターフェースをCatクラスで実装しましたが、この章のCatクラス、Dogクラスも、Petインターフェースを実装したクラスとして、定義してみましょう。

以下のようにPetインターフェースを作成します。1行

目から7行目まではChapter 6と同じです。さらに、スーパークラス（Animalクラス）で定義されているメソッドも利用できるようにするため、Animalクラスで定義されているメソッドも加えます❶。

```
001 package example;
002
003 public interface Pet {
004     public void eat();
005     public void eat(String food);
006     public void playToy();
007     public void playToy(String toy);
008
009     public String getName();
010     public void setName(String name);
011     public int getAge();
012     public void setAge(int age);
013     public boolean isHungry();
014     public void setHungry(boolean hungry);
015     public void introduceMyself();
016 }
```

1 Animalクラスで定義されている
メソッド

> AnimalクラスとCat、Dogクラスのメソッドの抽象メソッドをひと通り定義します。ただし、printMessageメソッドは外部から呼び出すことを想定していないので、含めません。

2 CatクラスをPetインターフェースを実装したクラスにする Cat.java

CatクラスをPetインターフェースを実装したクラスに変更します。クラスの定義に「implements Pet」を追加します❶。Petインターフェースのeatメソッド、

eat(String food)メソッド、playToy(String toy)メソッド、playToyメソッドをオーバーライドします❷❸❹❺。

```
001  package_example;
002
003  public_class_Cat_extends_Animal_implements_Pet_{    ─── 1  implements Petを追加
004  ____public_Cat(String_name,_int_age)_{
005  _____setName(name);
006  _____setAge(age);
007  _____System.out.println("コンストラクター:Cat(String_name,_int_age)が呼
     び出された");
008  _____System.out.println("__引数：name="_+_name_+_",_age="_+_age);
009  ____}
010
011  ____@Override ───────── 2  eat()メソッドをオーバーライド
012  ____public_void_eat()_{
013  _____eat("ご飯");
014  ____}
015
016  ____@Override ───────── 3  eat(String food)メソッドをオーバーライド
017  ____public_void_eat(String_food)_{
018  _____printMessage(food_+_"を食べるよ！おいしいにゃー");
019  _____printMessage("お腹が一杯になったにゃー");
020  _____setHungry(false);
021  ____}
022
023  ____@Override ───────── 4  playToy(String toy)メソッドをオーバーライド
024  ____public_void_playToy(String_toy)_{
025  _____printMessage(toy_+_"で遊ぶよ。楽しいにゃー");
026  _____printMessage("遊んでお腹が減ったにゃー");
027  _____setHungry(true);
028  ____}
029
030  ____@Override ───────── 5  playToy()メソッドをオーバーライド
```

NEXT PAGE → | 259

```
031 ____public_void_playToy()_{
032 _____playToy("おもちゃ");
033 ____}
034 }
```

@Overrideはメソッドの
オーバーライドで使用し
ます。

Dog.java

3 DogクラスをPetインターフェースを実装したクラスにする

同様に、DogクラスをPetインターフェースを実装したクラスに変更します。クラスの定義に「implements Pet」を追加します❶。Petインターフェースの各メソッドをオーバーライドします❷❸❹❺。

```
001 package_example;
002
003 public_class_Dog_extends_Animal_implements_Pet_{ ── ① implements Petを追加
004 ____public_Dog(String_name,_int_age)_{
005 _____setName(name);
006 _____setAge(age);
007 _____System.out.println("コンストラクター:Dog(String_name,_int_age)が呼び出された");
008 _____System.out.println("__引数：name="_+_name_+_",_age="_+_age);
009 ____}
010
011 ____@Override ──────── ② eat()メソッドをオーバーライド
012 ____public_void_eat()_{
013 _____eat("ご飯");
014 ____}
015
016 ____@Override ──────── ③ eat(String food)メソッドをオーバーライド
017 ____public_void_eat(String_food)_{
018 _____printMessage(food_+_"を食べるよ！おいしいワン");
019 _____printMessage("お腹が一杯になったワン");
020 _____setHungry(false);
021 ____}
022
```

```
023 ____@Override
024 ____public_void_playToy(String_toy)_{
025 _____printMessage(toy_+_"で遊ぶよ。楽しいワン");
026 _____printMessage("遊んでお腹が減ったワン");
027 _____setHungry(true);
028 ____}
029
030 ____@Override
031 ____public_void_playToy()_{
032 _____playToy("おもちゃ");
033 ____}
034 }
```

4 playToy(String toy)メソッドをオーバーライド

5 playToy()メソッドをオーバーライド

4 インターフェースの実装を追加したクラスを利用する

`ExtendsAndImplementsSampleApp.java`

Catクラスとドッグクラスを利用するExtendsAnd
ImplementsSampleAppクラスを作成します。先ほど
はCatクラス型の変数にCatクラスのインスタンスを
代入しましたが、ここではPetインターフェース型の

変数tamaにCatクラスのインスタンスを代入します❶。
同様に、Petインターフェース型の変数pochiにDog
クラスのインスタンスを代入します❷。

```
001 package_example;
002
003 public_class_ExtendsAndImplementsSampleApp_{
004 ____public_static_void_main(String[]_args)_{
005 _____Pet_tama_=_new_Cat("タマ",_3);
006
007 _____tama.eat();
008 _____tama.introduceMyself();
009 _____tama.setAge(4);
010 _____tama.introduceMyself();
011
012 _____Pet_pochi_=_new_Dog("ポチ",_5);
013
014 _____pochi.eat();
015 _____pochi.introduceMyself();
016 ____}
017 }
```

1 Catクラスをインスタンス化

2 Dogクラスをインスタンス化

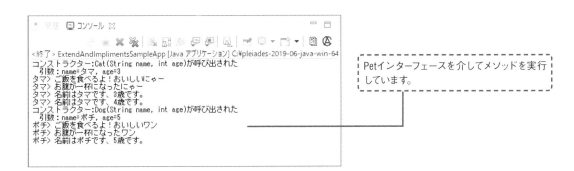

Petインターフェースを介してメソッドを実行
しています。

変数の型がPetに変わっただけですが、Chapter
7で説明した拡張for文と組み合わせて、繰り返
し処理することも可能になっています。

👍 ワンポイント Animalクラスのポリモーフィズムでは不足な理由

実はサブクラスのインスタンスをスーパークラス型の変数に代入して、ポリモーフィズムを利用することもできます。ただし、その場合はスーパークラスで定義しているメソッドしか呼び出せません。Animal、Cat、Dogクラスを例にす

ると、Animalクラス型変数から各種セッターやintroduceMyselfメソッドは呼び出せますが、Cat、Dogクラスで定義しているeatメソッドとplayToyメソッドは呼び出せません。そのためにPetインターフェースが必要になります。

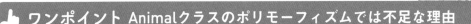

```
Animal␣pochi␣=␣new␣Dog("ポチ",␣5);
```

```
pochi.eat();・・・・・・・・・・・・・・・・・・・・・・・・・・・・ コンパイルエラーになる
pochi.introduceMyself(); ・・・・・・・・・・・・ こちらは呼び出せる
```

Lesson 55 [オーバーライド]

スーパークラスのメソッドを
サブクラスで再定義しましょう

**このレッスンの
ポイント**

スーパークラスで定義されているメソッドを、サブクラスで再定義して別の処理を行わせることも可能です。サブクラスごとに処理を微妙に変える必要がある場合などに利用します。インターフェースのところで解説したオーバーライドを利用します。

➡ 継承したメソッドをオーバーライドで再定義する

継承を利用すると、スーパークラスで定義されているメソッドが引き継がれます。しかし、場合によってはサブクラス側で処理を変えたいときもあります。その場合は、インターフェースなどで使用したオーバーライドでメソッドを再定義できます。

オーバーライドする方法はインターフェースの実装と変わりません。メソッドの前に@Overrideを付け、引数と戻り値が一致した同名のメソッドを定義します。

▶ オーバーライドのイメージ

Parentクラス (スーパークラス) の定義

```java
public class Parent {
    public void methodA(){
        System.out.println(" 親クラスのmethodA");
    }
    public void methodB() {
        System.out.println(" 親クラスのmethodB");
    }
    public void methodC() {
        System.out.println(" 親クラスのmethodC");
    }
}
```

> これらのメソッドはそのまま
> サブクラスに引き継がれる

> メソッド名と引数と戻り値が違うと、
> オーバーライドしたことになりません。オーバーライドしていないのに
> 「@Override」を付けると、コンパイルエラーになります。

**Parentクラスを継承した
Childクラス (サブクラス) の定義**

```java
public class Child extends Parent {
    // methodCだけ継承せずに、オーバーライド
    @Override
    public void methodC(){
        System.out.println(" 子クラスのmethodC");
    }
}
```

> このメソッドだけ
> サブクラスの
> ものが使われる

● スーパークラスのメソッドをオーバーライドしよう

1 CatクラスでAnimalクラスのメソッドをオーバーライドする　Cat.java

Catクラスを以下のように改造します。AnimalクラスのintroduceMyselfメソッドをオーバーライドして、Catクラス独自のintroduceMyselfメソッドを定義します❶。このintroduceMyselfメソッドでは、Animalクラスから継承したnameフィールド、ageフィールド、hungryフィールドを使って自己紹介メッセージを表示します❷❸。

```
001  package_example;
002
003  public_class_Cat_extends_Animal_implements_Pet_{
       ……中略……
029
030  ____@Override
031  ____public_void_playToy()_{
032  _____playToy("おもちゃ");
033  ____}
034
035  ____@Override
036  ____public_void_introduceMyself()_{
037  _____printMessage("名前は"_+_getName()_+_"です、"_+_getAge()_+_"歳です。");
038  _____boolean_h_=_isHungry();
039  _____if_(h_==_true)_{
040  _____printMessage("お腹がすいてるにゃー！");
041  _____}_else_{
042  _____printMessage("お腹はすいてないにゃー！");
043  _____}
044  ____}
045  }
```

1 introduceMyself メソッドをオーバーライド

2 getNameメソッド、getAgeメソッドを呼び出す

3 isHungryメソッドを呼び出す

メソッドをオーバーライドすると、スーパークラス側の同名メソッドの処理は行われなくなります。その分の処理もサブクラス側で書かなければいけません。

2 | DogクラスでAnimalクラスのメソッドを オーバーライドする Dog.java

同様にDogクラスでもAnimalクラスのintroduceMyselfメソッドをオーバーライドします❶。

```
001  package example;
002
003  public class Dog extends Animal implements Pet {
     ……中略……
029
030      @Override
031      public void playToy() {
032          playToy("おもちゃ");
033      }
034
035      @Override
036      public void introduceMyself() {
037          printMessage("名前は" + getName() + "です、" + getAge() + "歳です。");
038          boolean h = isHungry();
039          if (h == true) {
040              printMessage("お腹がすいてるワン");
041          } else {
042              printMessage("お腹はすいてないワン！");
043          }
044      }
045  }
```

1 introduceMyself メソッドを オーバーライド

Point オーバーライドした処理

オーバーライドしたintroduceMyselfメソッドで付け加えた処理は、空腹状態を表すメッセージです。isHungryメソッドを呼び出した結果によって条件分岐を行い、「お腹がすいてる」などのメッセージを表示します。

3 オーバーライドしたメソッドを呼び出す

CatクラスとDogクラスを利用するExtendsAndImplementsSampleAppクラスを以下のように変更します。プログラムを実行し、Catクラス、Dogクラスにオーバーライドして定義したintroduceMyselfメソッドが呼び出されることを確認しましょう。

```
001 package_example;
002
003 public_class_ExtendsAndImplementsSampleApp_{
004 ____public_static_void_main(String[]_args)_{
005 _____Pet_tama_=_new_Cat("タマ",_3);
006
007 _____tama.eat();
008 _____tama.introduceMyself();
009
010 _____Pet_pochi_=_new_Dog("ポチ",_5);
011
012 _____pochi.eat();
013 _____pochi.introduceMyself();
014 ____}
015 }
```

名前、年齢に加え空腹状態のメッセージが表示されます。

理屈はわかっていても、スーパークラスと同じ処理をサブクラスに書くのは面倒ですね。次のLessonでそこを解決しましょう。

56

スーパークラスに定義された
メソッドにアクセスするには

**このレッスンの
ポイント**

オーバーライドされたメソッドが定義されている場合に、スーパークラスで定義された、オーバーライドする前のメソッドを呼び出す方法について学びましょう。Chapter 5で説明した「this.」に似た「super.」を利用します。

→ スーパークラスのメソッドを呼び出す「super.」

Lesson 55で学んだように、スーパークラスのメソッドがサブクラス内でオーバーライドされている場合、サブクラス内でそのメソッドを呼び出した場合も、オーバーライドしたメソッドが呼び出されます。しかし、オーバーライドしたメソッドではなく、スーパークラスに定義されたメソッドを呼び出したい場合も

あります。

メソッドを呼び出す際、メソッド名の前に「super.」を付けると、スーパークラス側で定義されているメソッドを呼び出すことができます。これを利用してコードの重複を減らすこともできます。実際にクラスを修正しながら見てみましょう。

▶ super.の使い方

```
super.introduceMyself();
```

super　　　オーバーライドされているメソッド名

「super.」が使えるのはサブクラスのメソッド定義内です。サブクラス以外でスーパークラスのメソッドを呼び出したいときは、普通にスーパークラスのインスタンスを生成してください。

1 CatクラスからAnimalクラスのメソッドを呼び出す `Cat.java`

Catクラスを改造し、オーバーライドしたメソッドの中で、スーパークラスで定義されているメソッドを呼び出すようにします。オーバーライドしたintroduceMyself メソッドの中で、AnimalクラスのintroduceMyselfメソッドを呼び出します❶。

```
001  package example;
002
003  public class Cat extends Animal implements Pet {
004
        ……中略……
035      @Override
036      public void introduceMyself() {
037
038          super.introduceMyself();
039
040          boolean h = isHungry();
041          if (h == true) {
042              printMessage("お腹がすいてるにゃー！");
043          } else {
044              printMessage("お腹はすいてないにゃー！");
045          }
046      }
047  }
```

1 Animalクラスの introduceMyself メソッドを呼び出す

Point スーパークラスのメソッドを呼び出す

前のLessonではサブクラス側で「名前はxxx です、xx歳です。」を表示する処理も記述していました。 その処理はAnimalクラスのintroduceMyselfメソッドにも記述されているので、今回はスーパークラス側で定義されているintroduceMyselfメソッドを呼び出しています。これならコードの重複も減らすことができます。

2 DogクラスからAnimalクラスのメソッドを呼び出す `Dog.java`

同様にDogクラスを改造し、オーバーライドした introduceMyselfメソッドを呼び出します❶。
introduceMyselfメソッドの中で、Animalクラスの

```
001  package_example;
002
003  public_class_Dog_extends_Animal_implements_Pet_{
        ……中略……
035  ____@Override
036  ____public_void_introduceMyself()_{
037
038  _____super.introduceMyself();
039
040  _____boolean_h_=_isHungry();
041  _____if_(h_==_true)_{
042  _____printMessage("お腹がすいてるワン");
043  _____}else_{
044  _____printMessage("お腹はすいてないワン！");
045  _____}
046  ____}
047  }
```

1 AnimalクラスのintroduceMyself
メソッドを呼び出す

3 CatクラスとDogクラスを利用する

ExtendsAndImplementsSampleAppクラスからCatク
ラスとDogクラスを利用します。ExtendsAnd
ImplementsSampleAppクラスの内容は先ほどと同じ

です。プログラムを実行し、Lesson 55のアプリと
同じように動くことを確認しましょう。

```
<終了> ExtendAndImplimentsSampleApp (4) [Java アプリケーション] C:¥pl
コンストラクター:Cat(String name, int age)が呼び出された
  引数：name=タマ, age=3
タマ＞ ご飯を食べるよ！おいしいにゃー
タマ＞ お腹が一杯になったにゃー
タマ＞ 名前はタマです、3歳です。
タマ＞ お腹はすいてないにゃー！
コンストラクター:Dog(String name, int age)が呼び出された
  引数：name=ポチ, age=5
ポチ＞ ご飯を食べるよ！おいしいワン
ポチ＞ お腹が一杯になったワン
ポチ＞ 名前はポチです、5歳です。
ポチ＞ お腹はすいてないワン！
```

実行結果はLesson 55と変わりません。

Chapter 8 「継承」を使って効率よくクラスを作成しよう

Lesson
57 ［アクセス修飾子：protected］
継承と関連するアクセス制限を使ってみましょう

このレッスンの
ポイント

スーパークラスとサブクラスの間で意味を持つ、protectedというアクセス修飾子について解説します。protectedはサブクラスからスーパークラスのメンバーへのアクセスを許可します。ここではAnimalクラスのprintMessageメソッドをprotectedに変更しましょう。

⊕ メンバーのアクセス制限 (protected)

Chapter 5でアクセス修飾子について学びましたが、継承に関連するprotectedというアクセス修飾子があります。アクセス修飾子がないメンバーの場合（package-private）、そのメンバーは別パッケージのクラスからはアクセスすることができませんでしたが、

protectedというアクセス修飾子を付けると、package-privateのアクセス権限に加えて、別パッケージのクラスであっても、サブクラスからであればアクセスできるようになります。

▶ protectedを加えたアクセス修飾子によるアクセス許可の範囲

アクセス修飾子	アクセスを許可する範囲
private	クラス内のみ
（何も書かない）	同じパッケージ内のクラス
protected	同じパッケージ内のクラスに加え、別パッケージのクラスであってもサブクラスであれば可
public	すべてのクラス（別パッケージのクラスでも、サブクラスでなくても可）

protectedはフィールドやコンストラクターにも付けられますが、フィールドはprivate、コンストラクターはpublicにするものなので、実質的にメソッドにのみ使用します。

● protectedを利用する

1 メソッドをprotectedにする　`Animal.java`

Animalクラスで定義されているprintMessageメソッ
ドのアクセス修飾子をpublicからprotectedに変更し
ます**❶**。

```
001  package_example;
002
003  public_class_Animal_{
        ……中略……
031  ____protected_void_printMessage(String_message)_{
032  _____System.out.println(name_+_">_"_+_message);
033  ____}
034
035  ____public_void_introduceMyself()_{
036  _____printMessage("名前は"_+_getName()_+_"です、"_+_getAge()_+_"歳です。");
037  ____}
038  }
```

1 publicからprotected
に変更

Point　printMessageメソッドをprotectedにする理由

printMessageメソッドはクラス内のメッセージの表示処理をまとめるために追加したもので、本来ならクラス外に公開する必要はありません。そのため、Chapter 5ではprivateメンバーとしていました（P.157参照）。しかし、privateメンバーはサブクラスからもアクセスできないため、protectedにすることでCatやDogなどのサブクラスからでも利用できるようにしています。

2 サブクラスからprotectedメソッドが呼び出せることを確認する

Catクラス、DogクラスのprintMessageメソッドを呼
び出している箇所でコンパイルエラーが発生しない
ことを確認しましょう（Catクラス、Dogクラスに変
更はありません）❶。

```
16 -     @Override
17       public void eat(String food) {
18           printMessage(food + "を食べるよ！おいしいにゃー");
19           printMessage("お腹が一杯になったにゃー");
20           setHungry(false);
21       }
22
23 -     @Override
24       public void playToy(String toy) {
25           printMessage(toy + "で遊ぶよ。楽しいにゃー");
26           printMessage("遊んでお腹が減ったにゃー");
27           setHungry(true);
28       }
29
30 -     @Override
31       public void playToy() {
32           playToy("おもちゃ");
33       }
34
35 -     @Override
36       public void introduceMyself() {
37
38           super.introduceMyself();
39
40           boolean h = isHungry();
41           if (h == true) {
42               printMessage("お腹がすいてるにゃー！");
43           } else {
44               printMessage("お腹はすいて無いにゃー！");
45           }
46       }
47   }
```

> コンパイルエラーは表示されていません。

3 プログラムを実行する

ExtendsAndImplementsSampleAppクラスの内容は
先ほどと同じです。

プログラムを実行し、Lesson 55のアプリと同じよう
に動くことを確認しましょう。

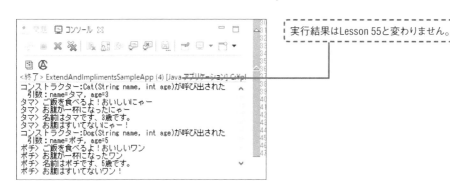

> 実行結果はLesson 55と変わりません。

Lesson

58

[super()]

スーパークラスのコンストラクター
を呼び出しましょう

このレッスンの
ポイント

Lesson 57では、サブクラスのメソッド内から「super.」でスーパー
クラスのメソッドを呼び出しました。同じように、サブクラスのコン
ストラクター内では、「super()」を使ってスーパークラスのコンスト
ラクターを呼び出すことができます。

→ super()の使いどころ

「super.」を付けてメソッド呼び出しをすることで、
オーバーライドする前のスーパークラス側で定義さ
れているメソッドを呼び出すことができました。そ
の目的は、コードの重複を減らすことです。似たよ
うなケースとして、サブクラスのコンストラクターで

スーパークラスのコンストラクターを利用することが
あります。
この場合、コンストラクター内の最初の処理として
「super()」と記述します。

▶ スーパークラスのコンストラクターの呼び出し

```
super(str);
```

super　コンストラクターの引数リスト

前に同じクラス内のコンストラクターを
呼び出す「this()」を紹介しましたが、そ
のスーパークラス版と考えてください。

● スーパークラスのコンストラクターを呼び出してみよう

1 Animalクラスにコンストラクターを定義する `Animal.java`

 Animalクラスにコンストラクターを定義して、サブクラスから呼び出せるようにしましょう。
コンストラクターを定義します。引数はnameとageと します❶。
Animalクラスのnameフィールド、ageフィールドに引数で受け取ったnameとageを代入します❷❸。

```
001 package example;
002
003 public class Animal {
004     private String name;
005     private int age;
006     private boolean hungry;
007
008     public Animal(String name, int age) {          1 コンストラクターを定義
009         this.name = name;                          2 nameフィールドに引数のnameを代入
010         this.age = age;                            3 ageフィールドに引数のageを代入
011
012         System.out.println("コンストラクター:Animal(String name, int age)
が呼び出された");
013         System.out.println("  引数:name=" + name + ", age=" + age);
014     }
015
      ……後略……
```

これまではAnimalクラスにはコンストラクターがなく、CatクラスとDogクラスそれぞれで定義していました。今回はAnimalクラスにコンストラクターを定義し、CatクラスとDogクラスはそれを利用する形にします。

2 Catクラスからスーパークラスの コンストラクターを呼び出す

Cat.java

続いて、Animalクラスに定義したコンストラクターを呼び出すようにCatクラスを変更します。

Catクラスのコンストラクターの1行目にsuper();を追加し、引数にnameとageを設定します❶。

```
001  package_example;
002
003  public_class_Cat_extends_Animal_implements_Pet_{
004  ____public_Cat(String_name,_int_age)_{          1  スーパークラスのコンストラクター
005  _____super(name,_age); ─────────────────        を呼び出す
006  _____System.out.println("コンストラクター:Cat(String_name,_int_age)が呼
     び出された");
007  _____System.out.println("__引数：name="_+_name_+_",_age="_+_age);
008  ____}
        ……後略……
```

3 Dogクラスからスーパークラスの コンストラクターを呼び出す

Dog.java

同様にDogクラスもAnimalクラスに定義したコンストラクターを呼び出すように変更します❶。

```
001  package_example;
002
003  public_class_Dog_extends_Animal_implements_Pet_{
004  ____public_Dog(String_name,_int_age)_{          1  スーパークラスのコンストラクター
005  _____super(name,_age); ─────────────────        を呼び出す
006  _____System.out.println("コンストラクター:Dog(String_name,_int_age)が呼
     び出された");
007  _____System.out.println("__引数：name="_+_name_+_",_age="_+_age);
008  ____}
        ……後略……
```

4 | 変更したCatクラスとDogクラスを利用する

ExtendsAndImplementsSampleAppクラスからCatクラスとDogクラスを利用します。ExtendsAndImplementsSampleAppクラスの内容は先ほどと同じ

です。プログラムを実行し、Animalクラスのコンストラクターが呼び出されているか、表示される内容から確認してみましょう。

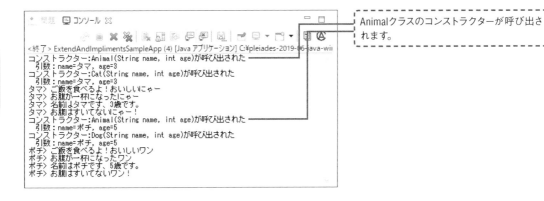

Animalクラスのコンストラクターが呼び出されます。

ここではスーパークラスのコンストラクターを呼び出したあと、メッセージを表示するだけなのであまり意味はありませんが、本来はサブクラス独自の初期化処理を追加します。

👍 ワンポイント スーパークラスの引数のあるコンストラクターを呼び出す

メソッドをオーバーライドした場合はスーパークラスのメソッドは呼び出されなくなりますが、コンストラクターの場合は必ず、スーパークラスのコンストラクターも実行されます。そのため、スーパークラスのコンストラクターの呼び出しがない場合は、スーパークラスの引数なしコンストラクターがデフォルトで呼び出されます。「super();」を書く必要はありません。引数のあるコンストラクターなら引数を受け渡す意味があります。

Lesson 59 [finalクラス]
拡張できないfinalクラスを定義してみましょう

このレッスンの
ポイント

最後にクラスのfinal修飾子について解説します。final修飾子をフィールドに付けた場合、そのフィールドは再代入できない定数になります。クラスにfinal修飾子を付けた場合、そのクラスは継承できなくなります。

→ 継承できないfinalクラス

クラスを定義する際、「final」という修飾子を付けると、そのクラスを継承できなくなります。final修飾子を付けたクラスを、一般的にfinalクラスと呼びます。サブクラスの定義（継承）を禁止させたいクラスが

ある場合、finalクラスとして定義します。次の例を見てください。finalクラスとして定義したAクラスを継承したBクラスを定義していますが、これはコンパイルエラーになります。

▶ finalクラスの例

```
final class A {
    ...
}

class B extends A { ······· コンパイルエラーになる
}
```

自作のクラスでfinalクラスを使うことはそう多くはないかもしれません。クラスの挙動を変えられると困る明確な理由があるときに使用します。

Stringクラスはfinalクラス

ここまで何回も使ってきたStringクラスは、以下のようにfinalクラスとして定義されています。よって、Stringクラスを継承したクラスを定義することはできません。Java APIとして用意されているクラスには、finalクラスが多く存在します。

継承ができると サブクラスでスーパークラスのメソッドをオーバーライド（上書き）することができてしまいます。継承したサブクラスを作り、不用意にスーパークラスのメソッドをオーバーライドしてしまうと、元のメソッドで提供された通りに機能しなくなってしまう恐れがあります。

Java APIのクラスは誰もが使うものなので、その挙動を変えることはメリットよりデメリットが多いと考えられているのでしょう。

▶ APIリファレンス Stringクラスの定義

compact1、compact2、compact3

java.lang

クラスString

java.lang.Object
    java.lang.String

すべての実装されたインタフェース:
Serializable, CharSequence, Comparable<String>

---

public final class String
extends Object
implements Serializable, Comparable<String>, CharSequence

> public final class Stringとして定義されています。

⬤ 拡張できないfinalクラスを定義してみよう

1 Catクラスをfinalクラスとして定義する `Cat.java`

Catクラスをfinalクラスとして定義しましょう。クラス定義に修飾子finalを追加します❶。

```
001 package_example;
002
003 public_final_class_Cat_extends_Animal_implements_Pet_{
004 ____public_Cat(String_name,_int_age)_{
005 _____super(name,_age);
     ……後略……
```

1 修飾子finalを追加

2 Catクラスが継承できないことを確認する `ExtendCat.java`

Catクラスを継承するExtendCatクラスを作成します。コンストラクターの中でsuper();を使いCatクラスの コンストラクターを呼び出します。このプログラムはコンパイルエラーになります。

```
001 package_example;
002
003 public_class_ExtendCat_extends_Cat_{
004 ____public_ExtendCat(String_name,_int_age)_{
005 _____super(name,_age);
006 ____}
007 }
```

```
  Cat.java    ExtendCat.java ✕

  1  package example;
  2
  3  🔲 ExtendCat は final クラス Cat をサブクラス化できません
  4      public Extendcat(String name, int age)
  5          super(name, age);
  6      }
  7  }
```

エラーが表示されます。

3 finalではないクラスが継承できることを確認する `ExtendDog.java`

Dogクラスを継承するExtendDogクラスを作成します。コンストラクターの中でsuper();を使いDogクラスのコンストラクターを呼び出します❶。コンパイルエラーにならず、継承したクラスが定義できることを確認しましょう。

```
001 package example;
002
003 public class ExtendDog extends Dog {
004     public ExtendDog(String name, int age) {
005         super(name, age);
006     }
007 }
```

❶ Dog(String name, int age)コンストラクターを呼び出し

```
ExtendDog.java ⋈
  1  package example;
  2
  3  public class ExtendDog extends Dog {
  4      public ExtendDog(String name, int age) {
  5          super(name, age);
  6      }
  7  }
```

エラーは表示されません。

👍 ワンポイント 継承するクラスで引数ありコンストラクターを定義する

Animalクラスには、Animal(String name, int age)コンストラクターのみが定義されています。サブクラス（Dogクラス）で、スーパークラスの引数ありのコンストラクターを呼び出したい場合は、super(name, age)を明示的に呼び出す必要があります。継承するクラスでコンストラクターを定義しなかった場合は、デフォルトコンストラクター（P.177参照）がコンパイル時に挿入され、スーパークラスのデフォルトコンストラクターも呼び出されます。しかし、Animalクラスには引数なしのコンストラクターがないため、コンパイルエラーになります。

▶ 継承するクラスでコンストラクターを定義しなかった場合

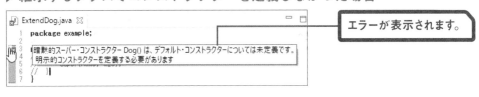

```
ExtendDog.java ⋈
  1  package example;
  2
  3
  4  暗黙的スーパー・コンストラクター Dog() は、デフォルト・コンストラクターについては未定義です。
  5  明示的コンストラクターを定義する必要があります
  6  //    }
  7  }
```

エラーが表示されます。

Chapter

9

今後の学習の
進め方について

このChapterではJava入門を
学び終えたあと、どのように
学習を続け活かしていくこと
ができるかについて解説しま
す。これまで採り上げなかっ
た言語仕様についてもいくつ
か紹介します。

Lesson 60

[今後の学習の進め方について]

本書で学んだことを活かしてどんなことに発展できるか知りましょう

このレッスンの
ポイント

ここまで、Javaのさまざまな機能の使い方を学んできました。本書の冒頭でも触れたように、Javaは幅広い分野で使われているプログラミング言語です。本書で学んだことを活かして、さまざまなアプリケーションを作ることができます。

Javaで作成できるアプリケーションの種類

これまでオブジェクト指向や基本のクラスライブラリの使い方などについて解説してきました。これらはすべての基礎となるものです。あとは、ジャンルごとに要求されるクラスライブラリやフレームワークの使い方を覚えていけば、さまざまなJavaアプリケーションを作ることができます。

▶ 本書で学んだことを活かして作れるアプリケーション

> **本書で学んだ内容**
> ・クラス／インターフェース／継承を使った
> 　オブジェクト指向プログラミング
> ・よく利用するクラスライブラリ（Java SE API）

- ・ファイルの読み書き
  ・データベースアクセスを
  　行うアプリケーション
- Web アプリケーション
- Android アプリ

など

> Javaでは、デスクトップアプリケーションからスマホアプリ、Webアプリケーション、基幹システムまで、幅広いジャンルのアプリケーションを作成できます。

ファイルの読み書き、データベースアクセスを行う

Java SE APIの以下のパッケージに含まれるクラスやインターフェースを使うと、ファイルの作成や読み書きといった操作や、データベースへのアクセスといった機能を使えます。Webやデスクトップなどの特定のジャンルだけでなく、幅広く活躍するパッケージです。

▶ ファイルやデータベースアクセスに関するパッケージ

パッケージ名	目的
java.ioパッケージ／java.nioパッケージ	ファイルの作成、読み書きを行う機能
java.sqlパッケージ	データベース上のデータを登録／更新／削除／検索する機能

データベースとは、複数のプログラムから、データを登録／更新／削除／検索できる仕組みです。例えば、あるプログラムで登録したデータを他のプログラムから更新したり、検索したりすることができます。

 ## Webアプリケーションとjava EE

Java EE (Java Enterprise Edition) は、本書で使ってきたJava SE (Lesson 03参照) の機能を拡張した開発キットです。Java EEのサーブレット (ブラウザからアクセスされた際に最初に呼び出されるクラス) やJSP (Webページを動的に作る機能) といった、Webアプリケーションを作る基本機能が含まれています。また、Java標準ではありませんが、Spring Frameworkに含まれるSpring MVCを利用したWebアプリケーション開発も広く使われています。

▶ Spring MVCとSpring Boot

名称	働き
Spring MVC	Webアプリケーションを開発するためのフレームワーク。Java EEのサーブレットやJSPをそのまま使う場合に比べて、必要なものが最初から用意されているため、効率よく開発することができる
Spring Boot	Springアプリケーション (Spring Frameworkを利用したWebアプリケーション) を簡単に作成するためのツール。Springアプリケーションの設定ファイルの準備を補助する

→ Androidアプリの開発

Javaは Androidアプリの開発言語の1つとして採用されています。現在、数多くのAndroidアプリが開発されていますが、みなさん自身もJavaを使ってAndroidアプリを作ることができるのです（ただし、本書で利用したものとは別に開発環境の用意が必要です）。Webアプリケーションを作る場合であってもAndroidアプリを作る場合であっても、それぞれの機能を実現するためのAPIが提供されています。そのAPIで提供されている新しいクラスやインターフェースをどんな場面で使うのかを理解する必要がありますが、どんなクラスやインターフェースであっても、インスタンスを格納する変数の定義の仕方や、メソッドの呼び出し方といった基本的な使い方は変わりません。今後、まだ知らない新しいクラスやインターフェースが出てきたとしても、本書で学んだ通りに、クラスやインターフェースを利用すれば問題ありません。

▶ Androidアプリの開発画面（Android Studio）

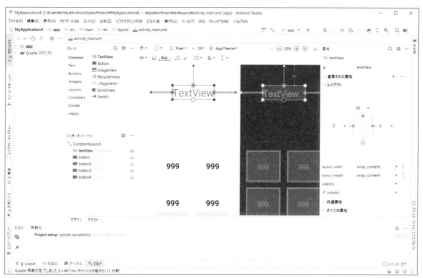

> Androidアプリの開発では、Google 社が提供しているAPIや開発環境を利用します。

[その他の言語仕様、機能]

ここまで採り上げなかった言語仕様、機能について

**このレッスンの
ポイント**

Chapter 8までで解説したJavaの基礎では、「使用頻度が少ない」「代替機能がある」といった理由で解説を省いたものがいくつかあります。本書の最後のトピックとして、採り上げなかった言語仕様や機能について紹介します。

基本データ型 byte、short、float、char

本書では、基本データ型の中で、整数型としてint型／long型、浮動小数点型としてdouble型を学びましたが、Javaの言語仕様としては、これら以外に整数型としてbyte型／short型、浮動小数点型としてfloat型が用意されています。すべての基本データ型を次ページの表にまとめました。

ただし、特殊な用途を除き、byte型/short型/float型を、実際のアプリケーション開発で使うことはあ

りません。±21億を超えないデータはint型で、超える可能性があるデータはlong型で、小数はdouble型で扱えば問題ありません。

文字を扱う型については、String型の他に、1文字だけを格納できるchar型が用意されていますが、ほとんどのケースでは1文字の場合もString型を使い、特殊な場合を除いてchar型を使うことはありません。

Javaの言語仕様として、このような基本データ型も用意されているということを参考程度に知っていれば問題ありません。

▶ 基本データ型の一覧

分類	型	説明	格納できる値の範囲	使い方

整数型	byte	1バイト整数	-128〜127	byte b1 = 127; // OK
				byte b2 = 128; // NG

	short	2バイト整数	-32768〜32767	short s1 = 32000; // OK
				short s2 = 32768; // NG

	int	4バイト整数
		（整数デフォルト）
			-2147483648〜2147483647
			（約 ±21億）
				int i1 = 2147483647; // OK
				int i2 = 2147483648; // NG

	long	8バイト整数	-9223372036854775808〜
			-9223372036854775807
			（約 ±922京）
				long l1 = 10; // OK
				long l2 = 2147483648L; // OK
				long l3 = 2147483648; // NG
				long l4 = 9223372036854775808L; // NG

浮動小数点型	float	4バイト浮動
		小数点数
			doubleより精度が低い	float f1 = 10.5F; // OK
				float f2 = 10.5; // NG

	double	8バイト浮動 小数点数 （小数デフォルト）		double d1 = 10.5; // OK

真偽型	boolean	真偽値	true、false のいずれかのみ	boolean b1 = true; // OK
				boolean b2 = "true"; // NG（文字列）
				boolean b2 = 1; // NG（整数）

文字型	char	文字	Unicode（UTF-16）に対応する文字	char c1 = 'a'; // OK（半角1文字）
				char c2 = 'あ'; // OK（漢字/全角1文字）
				char c3 = "a"; // NG（文字列）
				char c4 = 'ab'; // NG（2文字）

long型のリテラルは数値のあとに「L」を、float型のリテラルは数値のあとに「F」を付けます。また、文字列ではなく文字型のリテラルは「'（シングルクォート）」で囲みます。

複数のデータを扱う「配列」

同じデータ型の複数のデータを扱う場合、Listインターフェースと ArrayList クラスを使うことを学びましたが、配列という機能を使って扱うこともできます。配列は、リストと異なり、要素を格納する数分の領域を最初に確保する必要があります。「配列の変数名[インデックス番号]」を指定することで、配列への代入、参照が可能です。

配列はあとから要素数を変更できない点に加えて、配列の途中に挿入／削除するようなメソッドもありません。そういう処理が必要であれば、繰り返し文などを使って自分で書く必要があります。その点から見ても、リストの代わりに配列を使う理由はあまりありません。

▶ 配列を宣言する書式

```
int[] score = new int[10];
```

型名[] / new / [確保する要素数]

配列の変数名 / 要素の型

▶ String型の要素を3つ格納できる配列の宣言と利用

```
String[] names = new String[3];
names[0] = "タマ"; ……… String型の配列namesの1つ目の要素に"タマ"を代入
names[1] = "ポチ"; ……… String型の配列namesの2つ目の要素に"ポチ"を代入
names[2] = "みけ"; ……… String型の配列namesの3つ目の要素に"みけ"を代入
System.out.println(names[0]); …names[0]に代入された内容が表示される ⇒ タマ
System.out.println(names[1]); …names[1]に代入された内容が表示される ⇒ ポチ
System.out.println(names[2]); …names[2]に代入された内容が表示される ⇒ みけ
```

こちらも、「Javaの言語仕様として配列というものも用意されている」ということを参考程度に知っていれば、問題ありません。

整数の2進数、8進数、16進数表記

Javaでは、整数を2進数表記、8進数表記、16進数表記で、整数型に代入することができます。Javaで数値を2進数で表記したい場合は、値の先頭に「0b」もしくは「0B」を付けて記述します（2進数で使える文字は、0と1の2つのみ）。例えば、10進数の3は2進数では11となるので、「0b011」となります。同様に0から始めた場合は8進数、「0x」を付けた場合は16進数となります。

▶ **整数の2進数、8進数、16進数表記**

```
//␣先頭を0bもしくは0Bで始めると2進数表記になる
int␣num␣=␣0b00000000000000000000000000000011;‥‥‥‥進数の11 ⇒ 10進数では3
System.out.println(num);‥‥‥‥‥3が表示される


int␣num2␣=␣0b0100;‥‥‥‥‥‥‥‥‥‥2進数の100 ⇒ 10進数では4
System.out.println(num2);‥‥‥‥‥4が表示される


//␣先頭を0で始めると8進数表記となる（8進数で使える文字は、0～7まで7つ）
int␣num3␣=␣010;‥‥‥‥‥‥‥‥‥‥‥8進数の010 ⇒ 10進数では8
System.out.println(num3);‥‥‥‥‥8が表示される

//␣先頭を0xもしくは0Xで始めると16進数表記となる
int␣num4␣=␣0x0F;‥‥‥‥‥‥‥‥‥‥‥16進数の0F ⇒ 10進数では15
System.out.println(num4);‥‥‥‥‥15が表示される
```

2進数や16進数は技術者向けの試験などでもよく出題されますね。intは4バイト（32ビット）なので、正確に書くなら0か1を32個並べることになります。先頭の0は省略しても大丈夫です。

シフト演算子とビット演算子

シフト演算子とビット演算子は、整数値をビット単位で処理するためのものです。シフト演算は、数値を2進数で表したときに、桁を左また右にずらし（シフト）します。ビット演算子はビット単位でAND、OR、XORの演算を行います。

▶ シフト演算の例

例）1 << 2 ⇒ 4

32桁

1 ⇒ 2進数では

`00`00 0000 0000 0000 0000 0000 0000 0001

シフトする桁数分の左端2桁は、捨てられる

2進数で2桁左にずれる

00 0000 0000 0000 0000 0000 0000 0001`00`

ずれてできた空き2桁には0が入る

▶ ビット演算の例

&演算子
例 0b1101 & 0b0111 ⇒ 0b0101

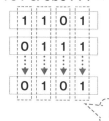

1	1	0	1
0	1	1	1
↓	↓	↓	↓
0	1	0	1

各桁ごとに演算を行う

|演算子
例 0b1101 | 0b0111 ⇒ 0b1111

1	1	0	1
0	1	1	1
↓	↓	↓	↓
1	1	1	1

▶ シフト演算子とビット演算子

種別	演算子	働き	例
シフト演算子	<<	左シフト演算子	1 << 2 → 結果は4
	>>	右シフト演算子	0b111 >> 2 → 結果は0b001
	>>>	符号なし右シフト演算子	0b111 >>> 2 → 結果は 0b001
ビット演算子	&	AND演算	0b1101 & 0b0111 → 結果は0b0101
	|	OR演算	0b1101 | 0b0111 → 結果は0b1111
	^	XOR演算	0b1101 ^ 0b0111 → 結果は0b1010

ビット単位の演算が必要になったときに思い出して調べれば大丈夫です。

➔ 例外——実行中に起きるエラー

Javaでは、プログラムの実行時に正常な処理を続けることができない状況になると、実行時のエラーを検知し、例外というものが発生します。発生した例外に対応した処理が記述されていない場合、それ以上処理を継続できなくなるため、プログラムは終了します。

▶ 例外が発生する状況の例

- 0で割る演算を行ったとき
- インスタンスが代入されていないクラス型の変数に対して、メソッド呼び出しを行ったとき
- ファイルの内容を読み込む処理で、該当するファイルが存在しないとき
- データベースにアクセスする処理で、データベースに接続できないとき

➔ try〜catch文で例外を処理する

例外に対する処理を記述したい場合は、try〜catch文を書きます。tryブロック内で例外が発生すると、catchブロックにジャンプするので、その中でメッセージを表示するなどのエラー対応を行います。これならプログラムが停止することはありません。

▶ 例外に対応した処理の例

```
static final void main(String[] args) {
    try {
        double result = 10 / 0;
        System.out.println("割り算の結果：" + result);
    } catch (Exception e) {
        System.out.println("0割りの例外が発生しました。");
    }
    System.out.println("プログラムを終了します。");
}
```

1 この行を実行すると、例外が発生する

2 例外が発生すると、この行は実行されない

3 例外発生時にメッセージを表示

> 実用的なプログラムを作る段階になると、例外処理は欠かせないものになります。

→ スレッド——並行処理を行う

通常、プログラムは、複数の処理が同時に行われることはなく、mainメソッドの先頭から1行ずつ処理を実行していきます。スレッドという機能を利用すると、複数の処理を並行して実行させることができます。例えば、Webアプリケーションは、スレッドを利用することで、複数のユーザーからの同時アクセスを処理しています。Webアプリケーションの開発者が自分でスレッドを利用したプログラムを書かなければいけない状況は少ないのですが、実はアプリケーションサーバーで提供されているスレッド機能が使われているということは知っておきましょう。

▶ スレッドのAPI

https://docs.oracle.com/javase/jp/11/docs/api/java.base/java/lang/Thread.html

ここで紹介した発展的な機能やアプリも、本書で学んだクラスとインターフェースを使って作ることができます。本書で学んだ「クラスやインターフェースの使い方」を活用して、さらにステップアップしていただけると幸いです。

索引

本書サンプルコードのダウンロードについて

本書に掲載しているサンプルコードは、本書のサポートページからダウンロードできます。サンプルコードは「ichiyasajava.zip」というファイル名で、zip形式で圧縮されています。展開してご利用ください。

◯ 本書サポートページ

https://book.impress.co.jp/books/1118101073

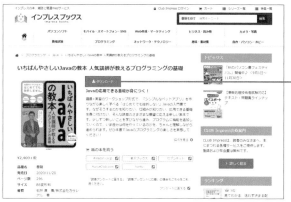

1 上記URLを入力してサポートページを表示

2 [ダウンロード]をクリック

画面の表示にしたがってファイルをダウンロードします。

※Webページのデザインやレイアウトは変更になる場合があります。

◯ スタッフリスト

カバー・本文デザイン	米倉英弘（細山田デザイン事務所）
カバー・本文イラスト	東海林巨樹
撮影	蔭山一広（panorama house）
DTP	株式会社リブロワークス
校正	聚珍社
デザイン制作室	今津幸弘 鈴木　薫
編集	大津雄一郎 （株式会社リブロワークス）
編集長	柳沼俊宏

■商品に関する問い合わせ先

インプレスブックスのお問い合わせフォームより入力してください。

https://book.impress.co.jp/info/

上記フォームがご利用頂けない場合のメールでの問い合わせ先

info@impress.co.jp

● 本書の内容に関するご質問は、お問い合わせフォーム、メールまたは封書にて書名・ISBN・お名前・電話番号と該当するペー
ジや具体的な質問内容、お使いの動作環境などを明記のうえ、お問い合わせください。

● 電話や FAX 等でのご質問には対応しておりません。なお、本書の範囲を超える質問に関しましてはお答えできませんの
でご了承ください。

● インプレスブックス（https://book.impress.co.jp/）では、本書を含めインプレスの出版物に関するサポート情報などを提
供しておりますのでそちらもご覧ください。

● 該当書籍の奥付に記載されている初版発行日から 3 年が経過した場合、もしくは該当書籍で紹介している製品やサービス
について提供会社によるサポートが終了した場合は、ご質問にお答えしかねる場合があります。

■落丁・乱丁本などの問い合わせ先

TEL 03-6837-5016　FAX 03-6837-5023

service@impress.co.jp

（受付時間／ 10:00-12:00、13:00-17:30 土日、祝祭日を除く）

● 古書店で購入されたものについてはお取り替えできません。

■書店／販売店の窓口

株式会社インプレス 受注センター

TEL 048-449-8040

FAX 048-449-8041

株式会社インプレス 出版営業部

TEL 03-6837-4635

いちばんやさしい Java の教本

人気講師が教えるプログラミングの基礎

2020 年 11 月 21 日　初版発行

著　者　　石井 真、株式会社カサレアル

発行人　　小川 亨

編集人　　高橋隆志

発行所　　株式会社インプレス

　　　　　〒 101-0051　東京都千代田区神田神保町一丁目105 番地

　　　　　ホームページ　https://book.impress.co.jp/

印刷所　　リーブルテック

ISBN 978-4-295-01033-3 C3055

Copyright © 2020 CASAREAL,Inc. All rights reserved.

Printed in Japan